彩图 1　低山大棚茄子

彩图 2　高山茄子

彩图 3　辣　椒

彩图 4　鲜食毛豆

彩图 5　白银豆

彩图 6　豇　豆

彩图 7　西　瓜

彩图 8　黄　瓜

彩图 9　盘　菜

彩图 10　糯米薯

彩图 11　糯米红薯

彩图 12　生　姜

彩图 13　花椰菜

彩图 14　低山大棚基地

彩图 15　低山钢管大棚基地

彩图 16　低山气雾栽培基地

彩图 17　高山钢管大棚基地

彩图 18　高山连栋大棚基地

彩图 19　高山气雾栽培基地

彩图 20　高山水培苗床

彩图 21　高山无土栽培基地一

彩图 22　高山无土栽培基地二

彩图 23　高山移动苗床一

彩图 24　高山移动苗床二

# 山地蔬菜栽培实用技术集萃

郑 华 主编

中国农业出版社
北 京

图书在版编目（CIP）数据

山地蔬菜栽培实用技术集萃／郑华主编 . —北京：
中国农业出版社，2018.8
ISBN 978 - 7 - 109 - 24448 - 1

Ⅰ.①山… Ⅱ.①郑… Ⅲ.①蔬菜－山地栽培 Ⅳ.
①S63

中国版本图书馆 CIP 数据核字（2018）第 178107 号

中国农业出版社出版
（北京市朝阳区麦子店街 18 号楼）
（邮政编码 100125）
责任编辑 王黎黎 浮双双

中农印务有限公司印刷 新华书店北京发行所发行
2018 年 8 月第 1 版 2018 年 8 月北京第 1 次印刷

开本：880mm×1230mm 1/32 印张：4.75 插页：2
字数：140 千字
定价：25.00 元
（凡本版图书出现印刷、装订错误，请向出版社发行部调换）

# 编　委　会

**主　　编：**郑　华

**副 主 编：**蒋加勇　金再欣

**编写人员：**（按汉语拼音顺序排序）

　　　　　　陈体员　蒋加勇　金再欣　刘小玲

　　　　　　郑　华　郑小东　钟伟荣

# 前　　言

　　蔬菜是指可以做菜、烹饪成为食品的一类植物或菌类，是人们日常饮食中必不可少的食物之一，可提供人体所必需的多种维生素和矿物质等营养物质。

　　文成县位于浙江省南部山区，属亚热带海洋季风气候区，雨量充沛，非常适合蔬菜的生长。2001年，文成县将蔬菜产业列为全县四大农业产业之一，给予重点支持。据统计，2017年文成县蔬菜播种面积9.28万亩*，占全县农作物播种总面积的33.8％；蔬菜总产值3.26亿元，同比增长5.9％，占全县农林牧渔业总产值的25.61％，产值在全县位居首位。

　　蔬菜在栽培、品种、茬口、肥水、病虫害防治等方面的技术十分复杂。为推进全县蔬菜产业健康发展，根据产业发展需要，文成县科学技术协会委托文成县农学会开展课题研究，积累技术成果编辑此书，以此满足全县广大农民对蔬菜生产的需求。本书介绍了文成县蔬菜产业的发展历程、生产布局、设施栽培、面积与产量、销售与加工贮藏等，重点介绍了茄子、辣椒、鲜食毛豆等14种蔬菜的栽培技术及9种蔬菜的生产技术规程，为绿色高产高效农业发展提供新技术、新经验，对全县广大从事蔬菜栽培及开发的农民朋友起到积极的指导作用，对农业科技人员也具有较高的参考价值。

---

　　* 亩为非法定计量单位，1亩≈667米$^2$。——编者注

温州市农业局、文成县农业局等有关单位的专家对本书的编辑进行了精心指导并提出了宝贵的修改意见，在此表示诚挚的感谢！

文成县科学技术协会

2018 年 4 月

# 目　　录

# 目　录

# 第一章  概    述

## 第一节  发展历程

民国 35 年（1946 年）12 月，国民政府行政院核准从瑞安、青田、泰顺 3 县边区析置，以明开国元勋刘基（伯温）谥号"文成"作县名，设立文成县。1949 年 5 月，建立人民政权。县境位于浙江省南部山区，温州市西部飞云江中上游。在半封建、半殖民地为背景的旧社会里，主要是以家庭为生产单位，以供家庭人口全年需求的蔬菜季节性自然环境条件下的生产模式，用传统的农村习俗以晒干、腌制等方式方法贮藏蔬菜产品，以保障家庭成员物质生活需求量为目的。中华人民共和国成立前，文成县蔬菜生产处于自给和半自给状态。

中华人民共和国成立初期，计划经济时代，政府以解决人民温饱为主导，重点倡导种植以水稻、甘薯等粮食作物为主，农户种植蔬菜的面积仍然很小，蔬菜交易市场机制尚未形成，商品化程度很低。20 世纪 50 年代后期，随着社会主义建设工作的全面展开，城镇人口的快速增长和人民生活水平的提高，蔬菜需求量不断增加，蔬菜的有效供给计划问题提上了政府的议事日程，建立了计划经济的蔬菜供应站点。由于本地没有足够的蔬菜产品来源，在相当长一段时间内靠从外地输入补充，解决了蔬菜供不应求问题。为发展本地的蔬菜生产，20 世纪 60 年代开始从外地引进山东大白菜、小白菜、茎用莴苣、甘蓝、花椰菜、韭菜、大葱、洋葱、水蛇豇豆等蔬菜。1975 年冬季，大峃镇林店尾村 5 个生产队划为蔬菜队，145 户472 人成为文成县的首批菜农，94 亩耕地成为文成县的第一个常年商品蔬菜生产基地。蔬菜队的收益分红超过综合生产队的 2 倍，让菜农们品尝到了种菜的甜味。1979 年冬季，又将苔湖村 6 个生产队 210 户 820 人划作蔬菜队，187 亩耕地成为第二个蔬菜基地。基本满足了县城居民蔬菜需求量。蔬菜生产效益也得到了进一步提高，成为当时高效的农业产业之一。

在党的改革开放政策引领下，1981 年，两个商品蔬菜生产基地由计划种植、集体经营、商业部门按牌价收购改为菜农直接参与市场竞争。20 世纪 80 年代，蔬菜产、供、销的主动权掌握在菜农自己手上，菜农从多年的生产实践中已经体验到良种效应，积极引进榨菜、大头菜、青皮黄瓜、甜椒、早熟茭白等一大批新种类，并注重对本地传统古老种类的提纯复壮及更新换代，使蔬菜的种类、品种、质量发展到一个新水平。1989—1990 年，提供黄瓜、茄子、佛手瓜、蚕豆、豌豆、菜豆、扁豆等 10 多个有优势并具有地方特色的古老品种种子，交北京国家物种资源库永久保存。20 世纪 80 年代后期，打破了一直受计划经济操控的蔬菜生产格局，菜农自主按照市场的需求生产蔬菜，使文成的蔬菜产量有了大幅提高，满足县内市场供求，旺季有茄子、生姜等蔬菜产品开始外销到温州和瑞安等周边县、市的蔬菜市场。

1994 年成立县蔬菜办，对全县蔬菜基地进行规划管理，同时制订了蔬菜产业发展的一系列扶持政策，鼓励发展设施蔬菜并引菜上山，重点推广低山大棚栽培和高山露地栽培，拉开了文成山地蔬菜生产的序幕，改变了蔬菜生产靠天吃饭的局面，解决粮食与蔬菜争地的矛盾。先后引进并种植红茄、鲜食毛豆、黄瓜、辣椒、生姜、茭白等蔬菜种类。2001 年蔬菜被列为全县农业四大发展产业之一。2003 年，蔬菜是文成县唯一被列入浙江省特色优势农产品区域布局规划的特色优势农产品。同时依托丰富的山地、适宜的气候等资源优势，推广茄子大棚设施栽培，强化农业科技服务，经过 3 年的努力，形成了低山大棚栽培、高山露地栽培、早秋长季栽培的周年栽培格局，茄子的生产规模、产值、效益居其他蔬菜种类之首，成为浙江省山地茄子重点县，2006 年在全省山地蔬菜生产工作会议上，文成县以"依托资源优势，强化科技服务，文成县发展茄子成效显著"为题介绍了发展山地茄子产业的典型经验。2007年，文成县被列入浙江省十大山地蔬菜示范县。以此为契机，文成县农业局把良种工程建设作为提高蔬菜生产效益的突破口，积极引进了优质、高产、抗病的优良新品种，培育适合本地种植的优势主导品种，积极探索各种多熟制高效栽培模式，提高了蔬菜生产效益，推动了全县蔬菜产业的发展。在全省山地蔬菜生产经验交流会上与参会者分享了文成县山地蔬菜发展的成功经验。

2008年，浙江省人民政府认定文成县南田镇为浙江省农业特色优势产业强镇；2009年，文成县南田镇、文成县二源乡被温州市人民政府授予温州市首批农业特色优势产业强乡强镇。2016年底，文成县二源高山蔬果特色农业强镇被省政府确定为第一批省级特色农业强镇创建对象。已建成浙江省特色优势农产品生产基地6个，高山常年设施蔬菜基地3个。文成红茄、鲜食毛豆、辣椒、黄瓜、茭白、糯米山药等蔬菜产品闻名省内外，远销温州、宁波、台州、丽水、杭州等省内城市和福建、广东、深圳、江苏、上海、北京等地，以及意大利等国际市场。

# 第二节 生产布局

文成蔬菜生产从1981年大峃镇林店尾村、苔湖村两个村281亩的蔬菜基地建设开始。1995年，以大峃、樟台等为主的低山春淡蔬菜基地和以南田、二源等为主的高山秋淡蔬菜基地粗具规模。随着社会的进步、温州大都市建设步伐的加快，温州市区郊区蔬菜基地逐渐被征用，蔬菜基地向文成等周边县、市扩散，给文成的蔬菜产业发展注入了新的活力。1996年开始文成县被认定为温州市市级蔬菜后备基地，目前大峃镇、南田镇、二源镇、黄坦镇、珊溪镇、桂山乡、玉壶镇、铜铃山镇等11个乡镇共有市级蔬菜后备基地面积8 100亩。全县已初步形成"三大生产区域"，即以南田镇、二源镇、百丈漈镇、铜铃山镇、桂山乡等乡镇为主的高山秋茄、鲜食毛豆、黄瓜、茭白、辣椒、松花菜等高山蔬菜生产区域；以西坑镇、黄坦镇等乡镇为主的生姜、西瓜等特色蔬菜生产区域；以大岙镇、珊溪镇、玉壶镇等乡镇为主的大棚茄子、黄瓜、叶菜类等低山城郊蔬菜生产区域。

近几年，文成县把"菜篮子"工程建设作为坚持农业农村优先发展，提速推进"两山"（绿水青山就是金山银山）转化，全力打造"三美"（美丽经济、美丽家园、美好生活）文成，促进农村剩余劳动力充分就业，增加低收入农户经济收入，全面建设小康社会的一件民生工程来实施。随着文成县全域旅游化环境再造的全面展开，促进了蔬菜产业与旅游业的融合发展。以文成县鑫鑫有机农业开发专业合作社为代表的低山大棚蔬菜基地，文成县二源绿色农业种植专业合作社为代表的高山蔬菜基地等相继建成集蔬菜生产、产品销售、旅游观光、休闲度假、科普教育于一体的休闲观光农业园区，增添了旅游景点特色，丰富了旅游景观内涵。蔬菜产业成为集生产、销售、旅游、休闲、文化、服务业为一体的一、二、三产业融合协调发展的民生产业。下一步将重点打造以二源镇蔬菜产业为基础的，集循环农业、创意农业、农事体验于一体的高山台地田园综合体。

## 第三节　设施栽培

文成县蔬菜产业快速健康发展，逐步建成一批科技型、融合型、引领型规模蔬菜扶贫示范基地，设施化、标准化水平显著提升。从推广地膜、简易大棚到连栋大棚、节水灌溉、绿色生态防控等设施，革新了传统的种植模式，引领了现代农业发展方向。

### 一、地膜

地膜覆盖栽培可改善土壤和近地面的温度及水分状况，起到了提高土壤温度、保持土壤水分、改善土壤性状、改善土壤养分供应状况和肥料利用率、改善光照条件、减轻杂草和病虫危害等作用。20世纪90年代开始引进地膜，主要应用于早春的茄子、生姜等栽培上。采用地膜覆盖栽培技术，使土壤的温度和湿度增高，有利于各种蔬菜作物早生快发，促进植株的生长发育，缩短大田生育期，提早上市，抢占市场空当。2003 年地膜覆盖栽培面积 1 万亩，现已广泛应用到各类蔬菜的大田栽培之中。

## 二、大棚

随着科技的进步和设施农业的快速发展，文成县 1994 年开始引进 30 个钢管标准大棚，主要在大峃镇低山早春茄子栽培上进行示范应用，春提前的保温栽培作用明显，大棚效应迅速扩散。1996 年全县发展钢管大棚 386 套。菜农为了节省蔬菜生产的成本投入，就地取材，利用自家的毛竹替代钢管，搭建毛竹大棚。1997 年全县钢管、毛竹大棚栽培面积突破 200 亩。此后大棚蔬菜栽培发展较快，2001 年扩大到 700 亩，2002 年扩大到 1 400 亩，2003 年大棚蔬菜栽培面积扩大至 1 600 亩。对缓解蔬菜春天淡季的供求矛盾起到了特殊的重要作用，具有显著的社会效益和经济效益。2007 年开始向海拔 700 米以上的高山地区桂山乡推广钢管大棚 90 套，用于辣椒避雨、防风、长季栽培。2009 年高山钢管大棚栽培面积扩大到 130 亩，2016 年扩大到 200 亩。充分发挥了大棚冬春季节的保温防雪、夏秋季节的遮阳降温、防风避雨、防虫等多功能、全方位的作用。然而，现代农业的快速发展，对生产设施和设备的要求越来越高，简易大棚已经不适应现代农业生产的需要，部分较大的蔬菜生产经营主体开始尝试层次更高的连栋大棚、智能温室大棚。2010 年在黄坦农场搭建连栋钢管大棚 1 458 米$^2$。2011 年在海拔 650 米的百丈漈湖底村搭建连栋温室大棚 4 608 米$^2$，有效提高了蔬菜生产抗御自然风险的能力；同时建成移动苗床 3 000 米$^2$，可以培育任何一种蔬菜幼苗，是推广集约化育苗不可或缺的设施，同时也使蔬菜的培育变得更加简单方便，有效地保障菜苗供给。2016 年连栋温室大棚扩大到 100 亩。

## 三、喷滴灌

喷灌是利用水源的自然落差或将灌溉水用泵加压后，经管道输送至喷头，并由喷头将水射出，均匀地散成细小水滴对作物进行灌溉的节水型灌溉技术。滴灌技术是利用低压管道系统，使灌溉水成点滴地、缓慢地、均匀而又定量地浸润作物根系最发达的区域，使作物主要根系活动区的土壤始终保持在最优含水状态的一种灌溉技术，是蔬菜生产上灌溉技术的最优选择。在浙南内陆山区田少地多的情况下，发展山地蔬菜有土地资源优势，但是水又是蔬菜生产的重要物质资源，山地大都分布在25°以下的缓坡地，水资源十分匮乏，水利设施紧缺，利用天然降水不能满足山地蔬菜作物对水的需求，传统的农业灌溉用水量非常大，水的利用率并不高。滴灌能适时、适量地向蔬菜根区供水供肥，使蔬菜根部土壤保持适宜的水分、氧气和养分，改善土壤及微生态环境。推广应用喷滴灌设施不仅提高了蔬菜的产量和产品质量，还解决了山地蔬菜灌溉困难问题。2003年推广应用喷滴灌设施70亩，2005年扩大至108亩，2010年扩大到650亩，2015年突破2 000亩。2009年在二源镇湖底村安装了54套精确施肥器，开展精准施肥550亩，大大减少了化肥的使用量及人工成本投入；2014年购置肥水一体机14台，在百丈漈镇、南田镇实施肥水一体化面积1 500亩，达到节水、节肥、节工、节本及农民增收的目的。喷滴灌设施的推广应用提高了山地蔬菜生产基地抗旱能力，促进山地蔬菜持续发展。

## 四、无土栽培

2011年，在大峃镇龙川中村村搭建10米高鸟巢温室智能大棚1座，1 320米$^2$，实施温室智能化棚架气雾栽培；2015年在海拔650米的二源镇湖底村实施无土栽培6亩。2016年全县无土栽培面积扩大到12亩。这种大棚利用互联网和物联网可自动调节棚内温、光、水、肥、气等诸多因素，实现线上控制基地生产，给蔬菜创造了一个最适宜生长的环境。从简易大棚到高标准钢架大棚及土地耕整、水肥一体、设施环境调控等先进技术装备得到广泛应用，推动了蔬菜产业快速健康发展。

# 第四节 面积与产量

从 1981 年两个商品蔬菜生产基地 281 亩直接参与市场竞争开始至今已经有 30 多年了，大体经历了如下三个阶段。第一阶段，20 世纪 80 年代至 90 年代初的十年为发展蔬菜产业起步阶段，菜农仍然采用民间古老蔬菜品种、传统种植管理模式和自然环境条件为背景的生产状况。据统计：1991 年蔬菜播种面积 2.49 万亩，占全县农作物播种总面积的 8.0%，总产量 7.95 万吨，产值 1 600 万元，占全县农林牧渔业总产值的 10.4%。这阶段经济效益和商品化程度均不高。第二阶段，20 世纪 90 年代初至 2010 年的 20 年，这一阶段前 10 年的面积快速增长，通过引进外地蔬菜的优良品种，应用了地膜、大棚等蔬菜设施栽培技术，有了保障性的生产设备，比种植其他农作物风险低、效益高，成为当地脱贫致富的唯一产业。2001 年全县的蔬菜统计数据显示，播种面积扩大到 9.29 万亩，总产量 11.87 万吨，蔬菜瓜类产值超亿元，达 1.13 亿元。后十年，由于推动发展了其他特色产业，以黄坦为中心的能繁母猪、生猪等牲畜养殖为主的规模养殖场的快速发展，养殖基地集聚效应呈现，有部分从事蔬菜的菜农转为养殖户，蔬菜种植面积有所下降，但由于蔬菜生产基础设施不断完善，先进的科学技术不断更新，高产、优质、抗性强的蔬菜杂交品种优势开始显现，蔬菜品质提高，产值稳中有升。2011 年，蔬菜播种面积 8.31 万亩，蔬菜总产量 11.82 万吨，蔬菜产值 1.38 亿元。第三阶段，是以发展特色优势产区为主攻方向，以创建高端蔬菜标准园为重要抓手，突出主导品种，推行标准化生产、品牌化销售，推动蔬菜产业由依靠规模扩张向高端设施蔬菜发展的转变，由依靠要素投入向科技支撑的转变，朝着现代农业方向发展的阶段。进一步完善基地的基础设施，积极推广蔬菜优良品种，采用单体大棚、连栋大棚、智能温室大棚相结合的设施栽培，应用节水灌溉技术、精准施肥、病虫害绿色防控等现代农业技术，推进蔬菜产业转型升级。同时，为了保护温州市 500 万人民饮用水水源，文成县委、县政府秉着"宁要绿水青山，不要金山银山"的执政理念，在飞云江流域集雨区域范围内禁止养殖大型动物。我们从实际出发，利用本地资源优势，因势利导，督促养殖企业、养殖大户和专业户转产、转业，积极发展适应环保要求又能保证农民收入的蔬菜产业，蔬菜播种面积有所增加，产量稳中有升，蔬菜品质好，产值增幅较大。2016 年，蔬菜播种面积 9.05 万亩，占全县农作物播种总面积的 33.8%，蔬菜总产量 12.86 万吨，蔬菜产值 3.09 亿元，占全县农林牧渔业总产值的 25.3%，产量、产值位居首位。

# 第五节　销售与加工贮藏

蔬菜产业一头连着城乡居民的"菜篮子"，一头连着农村农民的"钱袋子"，事关城乡居民的民生大事。在信息闭塞、交通落后的大山深处，有产品没有市场的年代，季节性蔬菜产品过剩问题屡见不鲜，如何将"剩菜"转化成经济效益，把小蔬菜做成大产业，建立蔬菜生产、加工和经营流通体系，发展蔬菜加工企业，建造蔬菜预冷贮藏保鲜设施和组建新鲜蔬菜营销组织成为当务之急。1997 年为适应新一轮"菜篮子"工程建设发展，二源乡政府牵头组织高山蔬菜基地村"两委"主要干部和蔬菜种植大户到瑞安、温州等周边县市区蔬菜市场参观考察，亲身经历温州水心等蔬菜批发市场的营销实践，学习市场经营知识，经过考察学习，他们深刻认识到种植蔬菜不如营销蔬菜赚钱的道理。于是，组建 5 支由村干部领头的新鲜蔬菜自产自销的产销队伍。即菜农把当日收获的蔬菜产品过秤记数，由村干部负责运送批发，费用和收益按产品数量均摊均分的服务组织。优质的高山蔬菜获得了瑞安、温州蔬菜市场批发商的认可，他们直接进入基地村内设点收购，这些村干部成了代购点的负责人。从此，蔬菜的市场化运行机制初步形成。

高山的秋淡蔬菜收获期大多是在盛夏和初秋，高温干旱的气候使新鲜蔬菜受热脱水变质，在传统的储运过程中发热腐烂，影响蔬菜的商品性，运输受地域限制。2009 年在南田镇三源村新建预冷保鲜库 350 米³，实行蔬菜预冷保鲜。经预冷的蔬菜，消除了上述传统储运过程中的各种问题，保持了蔬菜的新鲜度，提高了美誉度，也延伸和拓宽了新鲜蔬菜的销售渠道，扩大新鲜蔬菜外运半径。2011 年冷冻保鲜库扩大到 750 米³，配置冷藏运输车 1 辆。此后，各级政府加大对农业产业投入力度，完善现代农业园区基础设施及产品保鲜设备。2016 年蔬菜专用保鲜库总容量扩大到 1 500 米³，还有其他可调剂的季节性用于水果等保鲜库 1 500 米³ 左右。全县保鲜库藏量达到 3 000 米³，在一定程度上起到了蔬菜保鲜提质的作用。

随着市民生活水平的提高，消费者对蔬菜的需求不再单纯地满足于数量，对蔬菜的品质、外观等问题也越来越关注，要求越来越高，传统的统混普通包装已经不能满足市场需求。因此，建设产品分级整理场所、配置包装设备刻不容缓。2011 年在二源湖底村新建产品分级整理场地设施 1 728 米²，对蔬菜进行筛选、分级、包装。2016 年全县扩大到 5 200 米²，实行了以质论价、优质优价。

文成县蔬菜产业的快速发展，把握好市场是一个重要因素。在原有温州水心蔬菜市场龙头带动的基础上，利用浙江农民信箱、电子商务平台发布蔬菜产品信息，让蔬菜经纪人及时了解文成县蔬菜各个品种成熟上市的时间，产地批发价等，进一步方便了蔬菜经纪人、种植户及时了解蔬菜市场需求的变化情况。至 2016 年底，全县从事蔬菜加工、种植与销售的省级骨干农业龙头企业 1 家、农民专业合作组织 154 家、家庭农场 65 家、电子商务平台 5 家。随着电子商务的不断发展，蔬菜交易也从传统实体商店交易向网上交易发展，为此我们着手建设网上蔬菜市场，鼓励企业建立"特农汇""文成县慕研网络科技有限公司""文成县二源绿色农业种植专业合作社"等文成高山蔬菜电商交易平台，实施"电商换市"工程，实现"网上"电子商务网络市场与"网下"实体市场批发、实体商店零售同步推进，逐步形成电子商务＋龙头企业＋合作组织＋基地＋

农户的产业化发展模式。文成县二源绿色农业种植专业合作社在温州市区、瑞安、县城建立"邱老汉"牌文成高山蔬菜直销点 5 家，供应温州、文成单位（学校）食堂 4 家；文成县勤为农业专业合作社配送温州医院食堂 2 家。糯米山药等特色蔬菜种植户通过微信朋友圈进行推销，拓展了蔬菜交易平台。

# 第二章　栽培技术

## 第一节　茄　　子

### 一、低山大棚栽培

#### （一）地块选择

海拔 300 米以下的中、低山。要求冬天寒冷时间短，春天气温回升快，土壤肥沃，土层深厚，3 年来未种过茄科作物，前茬没种蔬菜的田块。

#### （二）品种选择

宜选用高产、优质、早熟的杭茄 1 号、改良杭茄 1 号、杭丰 1 号等杂交种。

#### （三）适时播种

选择土地肥沃疏松，3 年来未种过茄科作物的田块。茄子应在 9 月上旬播种，每亩大田播种量为 20 克，播后覆盖地膜；10 月中旬用装肥土的塑料袋假植，每袋内营养土折合每亩用磷肥 63 千克、栏肥 720 千克、过磷酸钙 9 千克拌泥，平均装 1 800～2 000 袋，每袋中央栽苗 1 株，并用小拱棚保温、防冻。

#### （四）深沟高畦

在宽 6 米、长 30 米的塑料大棚内整地，做 4 畦，每畦宽 1.2 米，沟宽 0.25～0.3 米，沟深 0.3 米，用地膜覆盖畦面。

#### （五）合理密植

一般于 12 月上旬在地膜上挖洞定植。株行距为（40～50）厘米×（60～70）厘米，每畦栽 2 行，每亩栽 1 800～2 000 株。定植后压紧穴口四周地膜。

**（六）肥水管理**

**1. 施足基肥**　基肥要施足，并以农家肥为主。苗床应该用敌克松消毒，每平方米用 75％敌克松可溶性粉剂 10 克加 20 倍细土，均匀撒于苗床。然后施腐熟的栏肥、人粪尿及磷肥 50 千克/亩后翻耕，平整地，1 天后撒播种子，上盖 1 层 0.5 厘米厚的焦泥灰，再覆盖地膜。每亩大田施腐熟栏肥 3 000 千克、磷肥 45 千克、过磷酸钙 45 千克、三元复合肥 5.4 千克、尿素 45 千克加入粪尿，在畦中央开沟深施。

**2. 适当追肥**　由于基肥用量较多，所以追肥可以不要或用尿素追施 2 次就可。

**3. 水分管理**　开好深沟，以防积水。同时由于冬季天气晴燥，应根据大棚内表土发白程度，结合追肥，进行浇水。

**（七）及时通风换气**

要根据天气变化及时通风换气。晴天温度高时及时揭膜通风降温，防止烧苗、徒长及病虫害；低温时要及时盖好塑料薄膜防冻，防止败苗、僵苗。4 月中下旬揭掉大棚四周塑料薄膜围裙，仅留顶膜。从 3 月初至 4 月中旬，遇到天晴或阴晴交替的天气时，大棚内外温差大，上午要推迟到 9：30 后揭膜，让棚内贮住日间阳光照射时蓄积的热量，以利茄子生长。相反，如遇到连续阴天或阴雨交替天气时，大棚内外温差小，上午应适当提前到 8：00 左右揭膜，下午也应适当延迟几个小时关膜，以增长大棚内外气体对流时间，有助于茄株生长。

**（八）应用激素保花、促果**

从茄子初开花期开始，一般要用 30～50 毫克/千克防落素涂抹花萼和花柄，可明显提高茄子坐果率，并加速实膨大。自 3 月上中旬至 5 月中下旬，配合田间管理，随时除去植株基部过多分枝和病、残、老叶片，以增强大棚内气体的流通，减轻病虫的危害。

**（九）综合防治病虫害**

以防为主，及时防治，结合农事操作，及时检查病虫发生动态，掌握发病中心，选用高效、低毒、低残留农药，在晴天稀释喷雾。一般在上午 10:00 前，下午 3:00 后喷药较为适宜。注意保持田园清洁，及时清除残株病叶和杂草。茄子主要有猝倒病、立枯病、绵疫病、灰霉病和褐纹病等；虫害有红蜘蛛、蓟马等。

**1. 猝倒病**　可选用 60％杀毒矾可湿性粉剂 500～600 倍液防治。

**2. 立枯病、绵疫病、褐纹病**　可选用 75％百菌清可湿性粉剂 600 倍液防治。

**3. 灰霉病**　可选用万霉灵 1 000 倍液、25％速克灵可湿性粉剂 1 000 倍液、28％灰霉尽可湿性粉剂 1 000～1 200 倍液或扑海因 1 500 倍液防治。

**4. 褐斑病、菌核病**　可选用 28％嘧霉胺可湿性粉剂 1 000～1 200 倍液防治。

**5. 早疫病**　可选用 78％波·锰锌可湿性粉剂 500 倍液防治。

**6. 黄叶**　可选用 50 克黄叶敌加水 50～80 千克防治。

**7. 红蜘蛛**　可选用 40％乐果乳液 1 000 倍液防治。

**8. 蓟马**　可选用 0.8％ 7051 阿维菌素 1 000 倍液防治。

**（十）适时采收**

采收要掌握"宁早勿迟、宁嫩勿老"的原则。一般在开花后 25～30 天，当茄子的"茄眼"不明显，果实呈该产品种应有的光泽，手握柔软有黏着感时采收。采收后在 24 小时内上市销售。

## 二、早秋长季栽培

### （一）地块选择

海拔在 300 米以下的中、低山。要求冬天寒冷时间短，春季气温回升快，土壤肥沃，土层深厚，3 年来未种过茄科作物前茬没种蔬菜的田块。

### （二）品种选择

宜选用果长 25 厘米以上，细宽 2.5 厘米以下，色紫红的高产、优质、适应性强的杭丰 1 号，杭茄 1 号。大岜镇樟台双龙村品种比较试验统计结果表明，不同品种对低山红茄早秋栽培产量、产值的影响很大，7月21日、8月1日、8月11日播种的杭丰1号、杭茄1号产量、产值与冠王1号间的差异均达到显著或极显著水平，增产增效显著。杭丰1号、杭茄1号果色紫红油亮，果形直而不弯，整齐美观，皮薄而脆，尾部细，坐果多，果肉白，细嫩味甘，纤维少，适口性好。

**（三）适时播种**

一般在7月下旬播种。大峃镇樟台双龙村播种期试验统计结果表明，不同播种期对低山红茄早秋栽培产量、产值的影响很大，"杭丰1号""杭茄1号"7月21日和8月1日播种的与8月11日播种之间的产量、产值差异均达到极显著水平，增产增效极显著，红茄早秋栽培最适宜的播种期为7月21日到8月1日。

**（四）遮阳降温**

育苗时要搭小拱棚覆盖遮网降温保湿，移栽时应边移栽边浇透水，栽后穴用毛芋叶畦面覆盖遮阳网降温保湿，一般遮阳网覆盖两夜后掀除，毛芋叶覆盖3夜后掀除，以后再浇水3次降温保湿。

**（五）合理密植**

做畦宽1.2米，沟宽25～0.3厘米，沟深0.3厘米。每畦栽2行，每亩栽1 500～1 800株。

**（六）合理施肥**

**1. 施足基肥**　基肥要施足，并以农家肥为主。利用丰富的稻草资源当基肥，一般将生稻草直接埋压在畦中间即可，每亩再穴施尿素90千克，磷肥160千克，复合肥40千克。

**2. 适当追肥**　根据生产状况及时追肥，每亩可喷施20千克尿素。

**（七）应用激素**

为防止落花落果，从茄子初花期开始，用30～50毫克/千克防落素涂抹花萼和花柄，以提高茄子坐果率，增加产量。

**（八）长季越冬保温栽培**

11月底适时扣大棚膜保温，当气温较低或高山区有霜冻时适时在大棚膜内加一层二道膜，当中山地区有霜冻时适时在二层膜内搭小拱棚覆膜，当低山区有冰冻时再在棚外四周覆盖一层稻草帘等保温材料，以确保茄子安全过冬。珊溪镇两个点的大棚草帘防冻增温效果的试验结果表明，海拔 60 米的大棚茄子内加中棚膜日均增温为 4.8 ℃，海拔 380 米的日均增温为 2.3 ℃。在海拔 60 米的大棚茄子棚四周覆盖一层稻草帘日均增温为 1.5 ℃，海拔 380 米的日均增温为 2.2 ℃。

**（九）综合防治病虫害**

病害重点防治灰霉病、绵疫病、青枯病、黄萎病、枯萎病等；虫害主要防治红蜘蛛、茶黄螨、蓟马等。

**1. 灰霉病**　可选用 50％腐霉剂 1 500～2 000 倍液、50％乙烯菌核利 1 000 倍液、40％嘧霉胺 1 000 倍液等喷雾。还可用 20％利得烟剂熏蒸。

**2. 绵疫病**　可选用 75％百菌清 600 倍液、72.2％普力克 700～800 倍液、58％甲霜灵·锰锌 500 倍液、64％杀毒矾 500 倍液等喷雾。

**3. 青枯病**　可选用 77％可杀得 500 倍液、20％噻菌铜 600 倍液、72％农用硫酸链霉素 4 000 倍液等灌根。

**4. 黄萎病、枯萎病**　可选用 50％多菌灵 800 倍液、50％敌克松 500 倍液、50％苯菌灵 1 000 液等灌根。

**5. 红蜘蛛、茶黄螨、蓟马**　可选用 73％克螨特 2 000 倍液、5％尼索朗 2 000 倍液、20％螨克 2 000 倍液、1.8 杀虫素 3 000 倍液等喷雾。

**（十）适时采收上市**

采收要掌握"宁早勿迟、宁嫩勿老"的原则。一般在开花后 25～30 天，当茄子的"茄眼"不明显，果实呈该产品种应有的光泽，手握柔软有黏着感时采收。采收后在 24 小时内上市销售。采收终期可与一般越冬栽培的一致，可采到 6 月上旬。

## 三、高山露地栽培

**（一）地块选择**

海拔 650 米以上，耕层深厚、肥力较高、保水保肥能力强、排灌良好，光照充足，3年内未种植过茄科作物的地块。

**（二）品种选择**　宜选用果长25厘米以上、直径2.5厘米以下，皮色紫红的高产、优质、适应性强的品种，如杭茄1号。

**（三）翻耕整地**

**1. 苗床**　畦宽1.0米，深0.3米，沟宽0.25米，床面松、细，似馒头状。

**2. 大田**　畦宽1.4米，沟宽0.3米，深0.3米。

**（四）适时播种**

**1. 种子处理**　播前30天进行发芽试验。采取温水浸种、高温烫种和变温催芽等措施，促进齐苗壮苗。

**2. 播种时间**　为错开采收收期，防止集中上市，播种时间为4月20日至5月10日。

**3. 播种量**　每亩播种量为800克，苗圃与大田比为1∶50～55。

**4. 播种操作**　播前浇足苗床底水，以水外溢为准；苗床亩施焦泥灰2 000～2 500千克，钙镁磷肥50千克，并随水加入20%的腐熟人粪尿；播后盖上一层1厘米厚的过筛焦泥灰，再覆盖稻草或遮阳网，以利保温保湿。

**（五）苗期管理**

当有80%的种子顶破土层时揭开遮阳网或稻草；2片真叶时，除去弱苗、病苗和小苗，然后分苗1次，苗距7～10厘米。

**（六）合理密植**

当苗龄30～35天，茄苗有6～7片真叶时定植；秋茄生长期长，生长势旺盛，生产上稀植为主，每亩1 500～2 000株。

**（七）肥水管理**

**1. 水分管理**　床面呈干湿交替状态，土壤水分保持在60%左右，要防止因梅雨而造成幼苗徒长；定植时及定植后4～5天各浇1次缓苗水；从门茄瞪眼期开始要加强水分的管理，生产上一般结合追肥浇水。采收盛期需水量较大。

**2. 肥的管理**

（1）施足基肥。整地做畦前，每亩施腐熟栏肥3 000千克，钙镁磷肥 50 千克或复合肥 40 千克，硼锌复合肥 0.5～1 千克，生石灰 15 千克，氯化钾 15～25 千克。

（2）及时追肥。一是门茄瞪眼期结合浇水，及时施 30% 的人粪尿 500～1 000 千克；二是对茄长到 8～10 厘米时重施追肥 1～2 次，每亩浇 30% 的腐熟人粪尿 3 500～5 000 千克，并加入氯化钾 5 千克，或掺水每亩施尿素 15～20 千克加氯化钾 5～10 千克；三是四门斗茄坐果期再较重追肥 1 次。每亩施 30% 的腐熟人粪尿 3 000 千克。四是结果后期进行 1～2 次的根外追肥，以防早衰和增加后期产量。方法是在晴天傍晚喷施 0.2% 尿素加 0.3% 磷酸二氢钾溶液或 0.3% 稀土肥料稀释至 50 千克。

**（八）中耕除草**

在"门茄瞪眼期"前深中耕一次，结合除草；当对茄全部开花时再浅耕一次，结合清沟培土，将畦面修成小高畦。

**（九）整枝搭架摘叶**

**1. 整枝**　第二次中耕后及时整枝。采用二杈整枝法，即只留主枝和第一花下第一叶腋的一个较强大的侧枝。

**2. 搭架**　在整枝后采用单杆 45°朝西北方向搭架，架杆与植株主干接触处用细绳捆紧。

**3. 摘叶**　封行后，要及时摘叶去枯黄的老叶或病叶。雨水多，植株生长旺盛时可多摘；高温、干旱、茎叶生长不旺时应少摘。摘除的病、老、黄叶须及时深埋或烧毁。

**（十）病虫害防治**

加强对猝倒病、立枯病、灰霉病、绵疫病、蚜虫、地老虎、红蜘蛛、茶黄螨等主要病虫害的防治。可选用高效、低毒、低残留农药在晴天露水干后稀释喷雾，喷药时间掌握在上午 10:00 前，下午 3:00 后。

**（十一）适时采收**

一般在开花后 25～30 天，当茄子白色环带不明显，且富光泽，手握柔软有黏着感时为采收适期。一般在早晨或傍晚时采摘。将鲜嫩、光亮、条细长均匀，无弯钩、无热斑、无虫洞、无花斑，不皱皮、不开裂，无断头、无腐烂的茄子及时（24 小时内）上市销售。

## 四、周年上市栽培

**（一）地块选择**

应选择土地肥沃、疏松，3 年来未种过茄科作物的田块。

**（二）品种选择**

经过多年多点试验、示范，筛选出适合文成县栽培的杭茄 1 号、杭丰 1 号、引茄 1 号等主栽品种。

**（三）适时播种**

**1. 低山大棚栽培**　应在 9 月上旬播种，10 月中旬假植，10 月底至 11 月上旬定植。

**2. 早秋长季栽培**　一般于 7 月中下旬播种，8 月下旬移栽。

**3. 高山露地栽培**　应在 3 月中下旬至 5 月上旬播种，4 月下旬至 5 月中下旬开始移栽。

**（四）合理密植**

**1. 低山大棚栽培**　在宽 6 米、长 30 米的塑料大棚内整地，做四畦，每畦宽 1.2 米，沟宽 0.25～0.3 米，沟深 0.3 米。10 月底至 11 月上旬用地膜覆盖畦面，在地膜上挖穴定植。株行距为（40～50）厘米×（60～70）厘米，每畦栽 2 行，每亩栽 1 800～2 000 株。定植后压紧穴口四周地膜。

**2. 早秋长季栽培**　做畦宽 1.2 米，沟宽 0.25～0.3 米，沟深 0.3 米。每畦栽 2 行，每亩栽 1 800～2 000 株。

**3. 高山露地栽培**　畦宽 1.4 米，沟宽 0.3 米，深 0.3 米。每亩栽 1 600～1 800 株为宜。

**（五）施足磷肥**

基肥要施足，并以农家肥为主。根据生产状况及时追肥。在施足农家肥的基础上，每亩推广穴施 80 千克过磷酸钙。增施磷肥能改善品质，增强植株抗病能力，提高坐果率，提早成熟，有显著增产作用。

**（六）遮阳降温**

早秋长季栽培时气温较高，育苗时要搭小拱棚覆盖遮网降温保湿。移栽时应边移栽边浇透水，栽后穴用毛芋叶畦面覆盖遮阳网降温保湿，一般遮阳网覆盖两夜后掀除，毛芋叶覆盖 3 夜后掀除，以后再浇水 3 次降温保湿。

**（七）应用生长调节剂**

为防止落花落果，早秋长季栽培和低山大棚栽培应在初花期用 30～50 毫克/千克防落素涂抹花萼和花柄，以提高茄子坐果率，增加产量。

**（八）综合防治病虫害**

按照"预防为主，综合防治"的植保方针，坚持以"农业防治、物理防治、生物防治为主，化学防治为辅"的无害化治理原则。

**1. 物理防治**

（1）大棚越冬栽培。利用防虫网纱、遮阳网等降温、抑虫、除草，推广性诱剂、频振式杀虫灯诱杀害虫。

（2）低山早秋栽培、高山露地栽培。推广以性诱剂、频振式杀虫灯诱杀和茄园养鸭捕虫为主的物理防治方法。二源茄园养鸭捕虫，同时放置斜纹夜蛾性诱剂诱捕器，结果田间虫口密度明显降低，性诱剂诱捕器中没有成虫，园内的茄子光滑油亮，商品性好。鸭子在茄园中放养了 2 个多月，平均每只鸭子从放养前的 0.1 千克长到了 1.6 千克。茄园养鸭捕虫不但大大地降低了斜纹夜蛾虫口密度，还能有效控制甜菜夜蛾、菜青虫等其他蔬菜害虫的发生，提高茄子品质和商品率，同时又提高鸭子的销售价，达到双赢的目的。

**2. 生物防治**　利用天敌昆虫、农用抗生素、生物制剂及其他方法防治蔬菜有害生物。

**3. 化学防治**　施用农药应符合 NY/T 393—2000 的要求，优先选择生物农药，严格选择使用高效、低毒、低残留的化学农药，禁止使用高毒、剧毒农药。使用时要注意对症下药，不要盲目加大用药量，不滥用药，要交替用药，严格遵守农药安全间隔期。一般在晴天上午 10:00 前，下午 3:00 后喷药较为适宜。

茄子主要有灰霉病、绵疫病、青枯病、黄萎病、枯萎病等病害；有红蜘蛛、茶黄螨、蓟马等害虫。低山大棚越冬栽培灰霉病发病较重，高山露地栽培绵疫病发病较重；低山早秋栽培与低山大棚越冬栽培相比虫害较多，病害较轻。

（1）灰霉病。可选用 50%速克灵 1 500～2 000 倍液、50%乙烯菌核剂 1 000 倍液、40%嘧霉胺 1 000 倍液等喷雾。保护地可施用 20%利得烟剂熏蒸。

（2）绵疫病。可选用 75%百菌清 600 倍液、72.2%普力克 700～800 倍液、58%甲霜灵·锰锌 500 倍液、64%杀毒矾 500 倍液等喷雾。

（3）青枯病。可选用 77%可杀得 500 倍液、20%噻菌铜 600 倍液、72%农用硫酸链霉素 4 000 倍液等灌根。

（4）黄萎病、枯萎病。可选用 50%多菌灵 800 倍液、50%敌克松 500 倍液、50%苯菌灵 1 000 倍液等灌根。

（5）红蜘蛛、茶黄螨、蓟马。可选用 73%克螨特 2 000 倍液、5%尼索朗 2 000 倍液、20%螨克 2 000 倍液、1.8 杀虫素 3 000 倍液等喷雾。

**（九）稻草帘保温防寒**

保温防寒是夺取早春茄子高产的关键措施。在冬春季遇霜冻和下雪等气温较低的天气，应加强保温、升温工作，严防茄株冻伤、冻死，达到稳产、高产。

**（十）适时采收上市**

采收要掌握"宁早勿迟、宁嫩勿老"的原则，一般开花后 25～30 天，当茄子白色环带（茄眼）变窄不明显，果实呈现紫红色而且富有光泽，手握柔软有黏着感时即可采收。

**1. 低山大棚栽培**　从 12 月中旬开始采收，一直可陆续采收到翌年 6 月下旬。

**2. 早秋长季栽培**　10 月下旬始收，一直可摘到 12 月下旬。如果在 11 月底前适时扣膜就可同低山大棚越冬栽培一样陆续采收到翌年 6 月下旬。

**3. 高山露地栽培** 6 月底始摘，一直可摘到 10 月下旬，如果天气好的话可采摘到 11 月中旬。

# 第二节 辣 椒

## 一、长季栽培

### (一) 地块选择

经试验，第一年种过茄子的田块极易暴发青枯病，一般宜选择土层深厚、土壤肥沃、排水良好、2～3 年内未种过茄科作物（番茄、茄子、辣椒、马铃薯等）的旱地或水田，不宜选择冷水田或低湿地栽培。

### (二) 品种选择

多年多点试验示范结果表明，文成县山地辣椒宜推广适合本地种植的、产量较高、抗逆性较强、适销对路的采风 1 号、阳光 10 号、蓝园 5 号、本地种、都椒 1 号、海丰 7 号等。

### (三) 合理密植

应根据不同的品种、不同地块合理密植。公阳乡金岭村都椒 1 号试验结果表明，都椒 1 号最适宜的栽植密度为亩栽 2 500 株。

### (四) 地膜覆盖

在定植前畦面覆盖白色地膜避雨栽培前期起到增温作用，有利于返苗。中期起到保湿、降温、抑制杂草生长的作用。后期起到保温的作用，有利于植株的生长。南田镇三源村试验结果表明，畦面覆盖避雨栽培的海丰 7 号产量比露地栽培的高 44.4%。

### (五) 避雨栽培

大棚或中棚顶膜覆盖避雨栽培的辣椒病虫害明显减轻，生长优势明显，产量、产值均有不同程度的增加。桂山乡福全村、公阳乡金岭村、南田镇三源村两年试验结果表明，大棚避雨栽培的本地种产量、产值分别比中棚避雨栽培的平均高 7.2%、6.2%，中棚避雨栽培的本地种产量、产值分别比露地栽培的平均高 10.9%、9.3%，大棚避雨栽培的都椒 1 号株产量比小拱棚避雨的高 36.2%。

**（六）防风栽培**

据观察，没用木棒固定的山地辣椒遇刮台风时植株随风摇摆，有的根部折断，有的根部受伤，台风过后植株会枯死。有木棒固定的仅是枝条折断打落，根部没受伤，台风后加强管理，萌发枝条，即恢复生长，产量较高。公阳乡金岭村试验结果表明，不同方式的防风措施均能有效降低台风受损，台风前采取大棚覆膜＋1 根木棒固定植株、小拱棚覆膜＋2 根木棒固定植株、3 根木棒固定植株＋畦四周布带围绕＋畦内 z 形布带围绕、3 根木棒固定植株＋畦内 s 形布带围绕、2 根木棒固定植株＋畦四周松紧带围绕防风的株产量分别比 1 根木棒固定植株＋畦四周松紧带围绕的增加了 48.5%、19.4%、6.7%、4.5%、3.0%。

**（七）长季栽培**

搭建大棚保温延后栽培，在霜降前及时扣膜保温，山地辣椒采收期比露地栽培的可多采摘 1 个月。南田镇三源村试验结果表明，搭建大棚保温延后栽培的产量、产值比露地栽培的分别增加了 33.2%、25.6%，比小拱棚的分别增加 12.7%、10.8%。搭建小拱棚保温延后栽培的产量、产值比露地栽培的分别增加了 18.2%、13.3%。

**（八）病虫害统防统治**

一是统一购买、安装频振式杀虫灯、电动喷雾器、性诱捕器，专人保管、使用；二是统一购买多菌灵、苏云金杆菌等高效低毒低残留与生物农药，专人保管使用；三是加强病虫害预测预报，统一配药防治病虫害。试验结果表明，开展植保服务有利推广高效低毒低残留农药和生物农药等新型农药，可以控制农药的使用次数和使用量，可以全程监管生产过程，提高产品质量，并能延长设备的使用期限，减少成本。

## 二、技术规程

**（一）品种选择**

宜选择高产、优质、抗病而且适销对路的优良品种，如都椒 1

号、海丰 7 号、采风 1 号、海丰 28 号、阳光 10 号、胜利大椒等。

**(二) 地块选择**

宜选择土层深厚、土壤肥沃、排水良好、2～3 年内未种过茄科作物(番茄、茄子、辣椒、马铃薯)的旱地或水田,不宜选择冷水田或低湿地。

**(三) 培育壮苗**

**1. 种子处理** 常采用晒种、温水浸种、催芽等方法。

(1) 晒种。种子播前在太阳下晒 1～2 天,可提高种子的发芽势,使种子出芽一致。

(2) 浸种。用清水将种子浸 1～2 小时,放入 55 ℃热水中,不断搅拌,保持恒温 15 秒,然后让水温降到 30 ℃后浸种 1 小时。

(3) 催芽。将种子用纱布包好,放入塑料袋中,包在人体的腰部,催芽 4～5 天,当种子有 60%～70%露白时播种。

**2. 苗床准备** 选择避风向阳、地势高燥、土壤肥沃、排水良好,2～3 年内未种过茄类作物的地块作苗床。结合整地,每亩苗床施入腐熟人粪肥 1 500 千克,过磷酸钙 50 千克,焦木灰 750 千克,做成畦宽 1.2～1.3 米的高畦,沟深 30 厘米、宽 40 厘米,将畦面耙平,覆盖一层细焦泥灰,播前一天浇透水。

**3. 适时播种**

(1) 播种期。一般 3～4 月为宜。

(2) 播种量。每亩大田需用种 20～50 克,苗床 6～8 米$^2$,假植苗床 35～50 米$^2$。

(3) 播种。将催好芽的种子用沙拌匀,均匀地撒播在苗床上,用木板或其他工具轻压苗床,洒适量水后覆盖 0.5 厘米左右的营养细土,再铺上稀疏稻草,并盖上地膜,搭好塑料小拱棚保温保湿。

**4. 苗期管理**

(1) 掀膜。当种子顶出土层时,掀掉薄膜和稻草。

(2) 通风。当辣椒苗出土后要视天气情况在小拱棚两头或中间卷膜通风降温,白天温度控制在 20～25 ℃,夜间 15～20 ℃。

(3) 炼苗。在分苗前 2～3 天要加强通风降温炼苗。在定植前

1 周开始要逐渐降温炼苗，并在定植前 2～3 天，晚上不盖薄膜。

（4）分苗。当幼苗 2 叶 1 心时选择冷尾暖头，无风晴天，带土起苗，移栽到营养钵或塑料袋中，苗间距 10 厘米，随后浇点根水，搭小拱棚覆盖薄膜密封缓苗。在缓苗后白天要加强通风，降低苗床温度与湿度，防止高温伤苗，采取日揭夜盖，勤揭勤盖。在雨天要进行薄膜覆盖，防止雨淋与受冻。

（5）水分。注意不宜勤浇水，防止苗床水分过多，引发病害，当营养钵或表土见白时，才可浇水。

（6）施肥。一般用腐熟的淡粪水追肥 2～3 次，促进幼苗多发新根，生长健壮，定植后成活快，开花结果早。

（7）壮苗标准。苗龄为 30～50 天，生长势强，株高 10～25 厘米；根色白而粗壮，须根多，根茎处粗 0.5 厘米；叶片 10～12 片，子叶不脱落，叶色深绿而有光泽；无病虫害，带有花蕾。

**（四）整地做畦**

**1. 冬耕晒土**  冬闲田块冬耕翻土，在自然条件下，冷冻暴晒，促使土壤熟化，改善土壤通透性，活化有益微生物，增加土壤肥力。待开春后结合烧灰积肥再耕耙 1 次。

**2. 开沟做畦**  辣椒栽培宜深沟高畦，移栽前 1 个月整地做畦。一般按畦面宽 80～90 厘米，龟背形，畦沟宽 30～40 厘米，深 20～30 厘米。做畦要达到壁沟、腰沟、畦沟三沟互通，做到能排能灌。

**3. 施足基肥**  做畦前中间开深沟，将栏肥等有机肥料一次性施入畦中，一般每亩施用有机肥 3 000～5 000 千克，配合施用复合肥 20～30 千克，或用尿素 25 千克或碳酸氢铵 50 千克加硫酸钾 20～30 千克，然后覆土做畦。畦用地膜覆盖，以免长草和肥量流失。定植前开穴，亩穴施焦泥灰 2 000～3 000 千克拌钙镁磷肥 30～40 千克。

**（五）合理密植**

**1. 适时定植**  一般平均气温稳定 15 ℃以上时，选择晴天无风天气带土带药定植。移栽前 1～2 天，辣椒苗用 65％代森锌 500 倍液或 50％多菌灵 1 000 倍液，加 40％乐果 1 500 倍液喷雾，使幼苗将药带土到田。

**2. 合理密植**　一般每亩栽植 2 000～3 500 株，每畦栽两行。行距 50～60 厘米，株距 35～45 厘米（但具体密度还因品种及土壤肥力而异）。如畦用地膜覆盖的，应先把靠穴的地膜弄破，将焦泥灰与土壤充分拌匀后定植。栽植深度以子叶痕刚露出土面为宜。

**3. 定植施肥**　定植后立即浇灌腐熟的 10％人粪尿或 0.1％～0.2％尿素加 800 倍敌百虫药液点根，使幼苗根系与土壤充分密接，促进早缓苗，并防止地下害虫为害。

**（六）田间管理**

**1. 中耕除草**　定植 10～15 天后，无地膜覆盖的选择晴天进行第一次中耕除草。在植株生长封垄前，进行第二次中耕除草。为避免伤根系，植株附近的杂草用手拔除，并清理沟土，向植株茎部附近培土。

**2. 畦面铺草**　在梅雨季节过后，高温干旱来临之前，或第二次中耕除草培土后，畦面铺青草或稻草、麦秆等，具有降温、保肥、保湿、防雨、防止水土流失、保持土壤疏松、促进根系生长、有效控制杂草生长等作用。

**3. 植株调整**

（1）及时整枝。辣椒第一花节（门椒）以下各叶节均能发生侧枝，但多根侧枝同时生长和开花结果，植株营养分散，通风透光差，会引起落花落果多，果实发育差。因此在门椒坐果后，把第一花节（门椒）以下的所有枝条和叶子选择晴天，及时剪除，减少养分损耗，使植株养分集中供应主茎生长，逐级发生侧花枝，提高结果率，促进果实发育，达到果实个大，商品性好，产量高。

（2）及时搭架。为了防止高山辣椒植株倒伏，影响产量。除做好培土外，还要进行立支柱或搭简易支架。即用长 50 厘米左右的小竹竿或竹片或小木棍，在离植株约 10 厘米处插一根，或在畦面的两侧用小竹竿或小木棍搭简易棚形支架，高 40～50 厘米，然后用塑料绳，以∞形把植株主茎绑在立柱或支架上。

**4. 适时追肥**

（1）提苗肥。移栽后 5～7 天每亩用人粪肥 250 千克或尿素 3～5 千克加水施用。

（2）催果肥。门椒开始膨大时施用，每亩施氮、磷、钾含量各 15％的复合肥 5～10 千克。

（3）盛果期追肥。第一果即将采收，第二、三果膨大时施给，盛果期是重点追肥时期，每亩施尿素 10～15 千克或复合肥 15～20 千克。以后每采摘一批青果或隔 7～10 天施一次肥，每次每亩施复合肥 7.5～10 千克或尿素 10 千克。

（4）施肥方法。根系施肥和根外施肥。

**5. 排水灌水**

（1）排水。辣椒根系不发达，对氧气需求高，如遇梅雨季节，应注意清沟排水，降低地下水位，以利根系生长。

（2）灌水。遇干旱天气，以免影响植株的生长和果实膨大，要及时浇灌或喷灌，保持土壤湿润，有利于防止脐腐病发生。灌水应在傍晚或晚上进行，随灌随排，不能长时间积水。

**6. 避雨防风**

（1）避雨。有条件的地方辣椒栽培可提倡地膜覆盖与大棚顶膜覆盖避雨栽培，防止雨水直接冲淋畦面与植株，减轻病害。

（2）防风。一是可用 2～3 根木棒植株固定防风；二是有条件的地方可用大棚膜密封、小拱棚膜密封防风，台风过后及时撩起围裙膜进行通风，不仅能有效防止植株倒伏受伤，而且能有效地防止因土壤湿度过大和透气不良而沤根，同时能减轻病虫为害；三是可在畦四周围栅栏防风；四是在畦面的两侧用小竹竿或小木棍搭简易棚形支架，然后用塑料绳，以∞形围绕植株防风。

**7. 延后栽培** 有条件的地方在秋冬季气温下降后，利用避雨防风栽培的设施能有效延长采收期，提高辣椒产量和效益。

**（七）病虫防治**

**1. 防治原则** 预防为主，综合防治。结合农事操作，及时检查病虫发生动态，掌握发病中心。以农业防治为基础，根据病虫发生情况，因时、因地制宜，合理运用生物防治、物理机械防治、化学防治等措施，推广使用高效、低毒、低残留农药，在晴天稀释喷雾。一般在上午 10：00 前，下午 3：00 后喷药较为适宜。

**2. 清洁田园**　生产过程中要保持田园清洁，及时摘除病枝、残叶，带出田外深埋或烧毁，减少传播源。及时铲除田园、田埂、田后墙杂草，并集中处理。

**3. 物理防治**　利用性诱捕器、黄板、频振式杀虫灯诱杀成虫。

**4. 化学防治**　主要有辣椒疫病、辣椒菌核病、辣椒灰霉病、辣椒病毒病、螨类、蚜虫、斜纹夜蛾等病虫害。

（1）辣椒疫病。前期掌握在发病前，喷洒植株茎基和地表，防止初侵染；进入生长中后期以田间喷雾为主，防止再侵染；田间发现中心病株后，须抓准时机，喷洒与浇灌并举。及时喷洒和浇灌 70％乙磷·锰锌可湿性粉剂 500 倍液、72.2％普力克水剂 600～800 倍液，或 58％甲霜灵·锰锌可湿性粉剂 400～500 倍液，64％杀毒矾可湿性粉剂 500 倍液。此外，于夏季高温雨季浇水前亩撒 96％以上的硫酸铜 3 千克，后浇水，防效明显。

（2）辣椒菌核病。发病后喷洒 50％多菌灵或 50％甲基硫菌灵可湿性粉剂 500 倍液、50％乙烯菌核利可湿性粉剂 1 000 倍液、50％乙·扑可湿性粉剂 800 倍液，隔 10 天左右 1 次，连续防治 2～3次。

（3）辣椒灰霉病。可选 40％嘧霉胺悬浮剂 800～1 000 倍液，50％速克灵可湿性粉剂 800～1 000 倍液，50％乙烯菌核可湿性粉剂 1 000 倍液，50％扑海因可湿性粉剂 1 000 倍。

（4）辣椒病毒病。喷洒 NS－83 增抗剂 100 倍液，或 8％菌克毒克 1 000 倍液或 20％病毒 A 可湿性粉剂 500 倍液，1.5％植病灵 Ⅱ号乳剂 1 000 倍液，隔 10 天左右 1 次，连续防治 3～4 次。

（5）辣椒螨类。可用 34％螨立克乳油 2 000～2 500 倍液或 1.8％阿维菌素（齐螨素、新科等）3 000 倍液进行防治。

（6）蚜虫。10％吡虫啉可湿性粉剂每亩 20 克，5％抗蚜威可湿性粉剂每亩 20 克。

（7）斜纹夜蛾。24％虫酰肼悬浮剂 1 500 倍液，10％虫螨腈胶悬剂 1 500 倍液。

**（八）适时采收**

根据市场或企业要求标准及时采收，一般在上午露水干后或傍晚采摘较好。采后的果实要放在阴凉处，摊开散热，防止太阳晒。要及时整理运往市场销售，不能惜价待售。

# 第三节　菜用大豆

## 一、适时播种

根据毛豆生育期，加工、收购单位的要求和市场行情，结合本地的光温条件确定播种时间。作夏菜豆种植，一般在 3 月底至 4 月初播种，用小拱棚盖膜育苗，大田用种量 3～4 千克，苗龄 20 天左右，也可以在 4 月中旬直接点播。作秋菜豆种植，一般在 5 月初至 5 月底播种。

## 二、适龄移栽

苗 2 叶 1 心时选择晴天移栽，每畦栽两行。由于文成鲜食毛豆植株高，分枝多，必须适当稀植，株行距约 50 厘米×40 厘米，亩栽 3 200 穴，每穴 2～3 株。

## 三、科学施肥

增施有机肥和磷、钾肥，适施氮肥。

**1. 基肥**　移栽前每亩穴施腐熟有机肥 1 000～1 500 千克，加饼肥 40 千克、磷肥 100 千克、钾肥 10 千克或复合肥 40 千克，土泥灰 1 500 千克。

**2. 追肥**　移栽后 1 周，在生长初期根瘤菌尚未形成时，适当追施氮肥，每亩施 30％稀释人粪尿 300～500 千克或尿素 5 千克兑水浇施，促进分枝早发。花荚肥可根据土壤肥力、水分多少、苗势强弱、酌情增减，以初花期施氮最有效，一般开花初期施尿素 5 千克或三元复合肥 5～10 千克，促进根系生长，增强根瘤菌活动的作用。大豆结荚期用 0.2% 磷酸二氢钾、0.1% 硼砂叶面喷施 1～2 次。能起到增花、保荚、增粒重的作用。

## 四、田间管理

定植发根或点播齐苗后要及时查漏、疏密、补缺，清沟排水。当杂草长至 2～3 叶时，深中耕除草 1 次。在开花结荚期如遇高温干旱，要沟灌润土，降低土表温度和保持田间湿度，同时亩用磷酸二氢钾 150 克＋硼肥 200 克叶面喷施。防止徒长，促进结荚并有利于籽粒饱满。

## 五、病虫防治

主要害虫有小地老虎、潜叶蝇、斜纹夜蛾、甜菜夜蛾、豆野螟等，主要病害有褐斑病、白粉病、锈病等。应贯彻"预防为主，综合防治"的植保方针，综合运用农业、物理、生物防治为主，化学防治为辅的病虫害无害化治理技术。

### （一）农业防治

选用无病斑、无蛀虫的优良种子，培育无病虫的壮苗。合理布局，轮作换茬，采用翻耕晒田，宽沟高垄种植，保持通风良好，提高作物抗病能力。加强水肥调控，科学配方施肥，增施腐熟的有机肥和磷钾肥，改善土壤的理化性状。及时清洁田园，创造不利于病虫的滋生和有利于各类天敌繁衍的环境条件，减轻病虫对作物的危害。

### （二）物理防治

采用异地育种、播前晒种、温水烫种等措施来控制病源。利用害虫的趋光性，安装频振式杀虫灯和放置性信息素诱杀甜菜夜蛾、斜纹夜蛾等成虫。悬挂黄板诱杀蚜虫、蓟马等小型昆虫。

### （三）生物防治

利用和保护瓢虫、草蛉、寄生蜂、蜘蛛、蜻蜓、青蛙等田间捕食性天敌和利用农用链霉素、苦参碱、苏云金杆菌等生物药剂防治病虫害。

### (四) 药剂防治

要正确预测病虫发生情况,科学使用农药。优先选择生物农药,严格控制使用高效、低毒、低残留的化学农药。根据不同防治对象对症下药,交替使用农药,避免病虫产生抗药性,并严格遵守农药安全间隔期。

## 六、适时采收

菜用大豆以食用鲜荚为主,采收过早或过迟都会影响菜用大豆的产量和产品质量。以籽粒丰硕饱满、豆荚鲜绿色为采收适期。由于文成菜用大豆植株高,开花结荚期长,要全株分 2~3 次采摘,鲜荚最好在晴天早晨凉爽时采摘,以保持其新鲜美味品质,并分级包装,及时上市,提高生产效益。

## 七、提纯复壮

常规菜用大豆每年有留种,留种的菜用大豆要根据开花、结荚的情况进行选株,做好标志,及时拔除或摘除杂株和变异株的豆荚,等菜用大豆完全成熟方可采收。为了避免留种菜用大豆采收后集中堆放发酵并高温烧芽,降低种子发芽率,在种株拔起后要及时去叶挂空晾干,待部分豆荚自然开裂再脱粒,然后晒 2~3 天即可贮藏。要单收单打单贮,保证种子纯度。

# 第四节　白　银　豆

## 一、地块选择

宜选择地势平坦、阳光充足、排灌方便、土层深厚、腐殖质丰富、通透良好的沙壤土为宜,pH 6~6.5。

## 二、品种选择

选用抗病、优质丰产、抗逆性强、适应性广、商品性好的温州地方品种。

## 三、培育壮苗

### (一) 种子选择

选用农家种，上一年秋季饱满无病的籽粒留种，精选晒种，不得含有病粒、虫粒、残粒。

### (二) 播种育苗

**1. 苗床**　宜选择避风向阳、排水良好、前茬非豆科作物的田块，精细整地，施足基肥，覆盖焦泥灰，待播种。

**2. 播种**　在断霜前一个月左右（3 月中下旬），也可以在 4 月上旬（穴）直播。提倡用直径 6～10 厘米的营养钵培育壮苗，以焦泥灰作培养土，每钵内放种 3～4 粒。播后适当浇水，保持床土湿润，最后搭塑料小拱棚覆盖。

**3. 播种量**　每亩大田用种量约为 4 千克。

**4. 苗床管理**　播种 5～6 天出苗后，在温暖的晴天揭膜，预防幼苗徒长。定植前 2～3 天的夜间不盖塑料膜，来锻炼幼苗。苗期一般不施肥，浇水则根据床土的干湿度而定，发现床土发白，则在晴天中午把床土浇透。

## 四、大田定植

### (一) 整地作畦

选择排水条件良好的田块，在定植前 5～7 天，进行翻耕晒白。然后开沟施肥整地，一般每亩沟施腐熟栏肥 800～1 000 千克、尿素 15 千克、过磷酸钙 20 千克。如采用地膜覆盖栽培的，基肥应适当减少。抢晴天整地作畦或覆盖地膜，畦高 30 厘米以上。

### (二) 带土定植

在 4 月上旬的终霜期过后开穴，每亩施 30～50 千克钙镁磷肥拌 1 500 千克左右焦泥灰作为穴肥。带土移栽，定植后遇晴天，用 10% 人粪尿或 0.3%～1% 尿素点根，促苗早发。每畦单行栽植，株行距宜在（45～50）厘米×（100～130）厘米，每亩定植 1 400～1 600 穴，每穴 3～4 株。

**（三）田间管理**

**1. 中耕除草**　不采用地膜覆盖的，当定植活棵后要除草、松土 2～3 次，搭架前的松土要结合培土进行。

**2. 引蔓上架**　当豆蔓抽长 50 厘米左右，顶端出现弯曲扭转时，要搭"人"字形架引蔓，架高 2 米以上，在距根 6～10 厘米处插下 30 厘米以上。

**3. 适当追肥**　定植后，每隔 7～8 天追肥一次，每次每亩用 1.5%～2%尿素与同样浓度的过磷酸钙混合液 300～500 千克，共施 2～3 次。结荚初期每亩增施尿素 5～10 千克。开花初期采用根外追肥，一般以 0.5%尿素加 0.2%磷酸二氢钾混合液喷施。

**4. 及时打顶**　豆蔓伸出架顶，及时打顶或喷施硼肥来控制营养生长。

**（五）适时采收**

定植后 70 天左右采收第一批果。鲜豆采收标准：当豆荚已充分肥大，荚壳微黄时带荚采下，盛果期每隔 1～2 天采摘一次，其他时期看荚而定，陆续采收；干豆采收标准：待种子完全成熟后采收。

**（六）再生栽培**

**1. 适时割蔓**　7 月中下旬，豆荚采摘基本结束后，视植株生长势，割去植株上部茎蔓，留下 30～50 厘米的基茎部，并把它压低，适当培土。植株生长势好的留低些，反之留高些。将割掉的豆蔓和病虫老叶集中深埋或销毁。

**2. 追施促蔓肥**　每亩追施尿素 10～13 千克、氯化钾 5 千克；施 2～3 次开花结荚肥，每次每亩用尿素 5～8 千克或人粪尿 500～700 千克。

**3. 加强管理**　及时做好中耕除草和搭架引蔓和病虫害防治。

**4. 及时采收**　再生豆的始收期为 9 月上中旬，11 月下旬基本结束，持续时间约 80 天。

**（七）病虫害防治**

**1. 主要病虫害** 主要有蚜虫、红蜘蛛、豆野螟、斜纹夜蛾、根腐病、病毒病等。

**2. 防治原则** 按照"预防为主，综合防治"的植保方针，坚持"以农业防治为基础，物理防治、生物防治和化学防治相协调"的无害化治理原则。

**3. 农业防治** 选用抗（耐）病的优良品种，合理布局，科学轮作，采用翻耕晒田、深沟高畦种植。加强水肥管理，及时排灌，配方施肥，增施腐熟有机肥和磷钾肥，改善土壤条件，提高作物抗病能力。保持通风良好，及时清洁田园。

**4. 物理防治** 采用栽前翻耕晒田、晒种、温水浸种等措施来减轻病虫害的发生。安装频振式杀虫灯、性诱剂诱捕器诱杀豆野螟、斜纹夜蛾等大型害虫，利用黄板进行诱杀蚜虫、蓟马等小型害虫；覆盖防虫网、银灰地膜来阻隔和驱避蚜虫。

**5. 生物防治** 利用和保护青蛙、蜻蜓和寄生蜂等田间原有天敌，利用苏云金杆菌（Bt）、农用链霉素、苦参碱等生物制剂防治病虫害。

**6. 化学防治** 优先选用生物农药或高效、低毒、低残留的化学农药，严禁使用剧毒、高毒、高残留或具有三致毒性（致癌、致畸、致突变）的农药。加强病虫测报和田间病虫管理，掌握病虫发生动态，对症下药，不滥用农药，控制用药次数和用药量，注意安全间隔期，及时交替用药，以免造成病虫害的抗药性。

（1）根腐病。可选用70%甲基硫菌灵可湿性粉剂1 000～1 200倍液喷雾、77%氢氧化铜可湿性粉剂134～200克喷雾。

（2）病毒病。可选用2%宁南霉素250倍液喷雾。

（3）豆野螟。可选用苏云金杆菌乳剂200～250毫升喷雾、5%氟虫腈悬浮剂4 000倍喷雾、24%虫酰肼悬浮剂30～40毫升喷雾、10%虫螨腈胶悬剂30～40毫升喷雾、52%氯氰·毒死蜱乳油50～100毫升喷雾。

（4）豆蚜、红蜘蛛。可选用10%吡虫啉可湿性粉剂2000～

3 000 倍液喷雾、0.36％苦参碱水剂 500～800 倍液喷雾。

# 第五节 豇 豆

## 一、地块选择

低山大棚茄子园。

## 二、品种选择

选择早熟、丰产、稳产、抗病的品种，如杨豇 40、金韩种子高产 4～8 号豆角、正豇 999 等。

## 三、培育壮苗

### （一）种子处理

播前为了杀死附在种皮上的虫卵、病菌，可采用高温烫种，即将种子精选，放在盆中用 90 ℃左右热水将种子迅速烫一下，随即加入冷水降温，保持水温 25～30 ℃并浸种 4～6 小时，种子捞出稍凉后播种。由于豇豆的胚根对温度、湿度变化比较敏感，为避免根受伤，一般播前不进行催芽。

### （二）适时播种

一般于 12 月上旬直播，于茄子定植播种到畦中央，株距为 80～100 厘米，每 4 株茄子播 1 穴豇豆，每穴播 3 颗豇豆种子。出苗后在地膜上挖孔，让幼苗自由生长。

## 四、植株调整

豇豆枝蔓抽生很快，当植株长至 5～6 片叶要及时搭架引蔓上架，切勿折断茎部，否则侧蔓丛生，上部枝蔓少，下部通风不良，落花落荚严重而影响产量。引蔓宜在晴天中午或下午进行，雨后或早餐茎叶组织含水量高，脆而易断。

为有效地调节营养生长与生殖生长的平衡，其整枝方法如下。

**（一）抹芽**

第 1 花序以下的侧枝，应彻底抹去，以保证主蔓粗壮。

**（二）打腰杈**

主蔓第 1 花序以上各节位上的侧枝都应在早期留 2～3 叶摘心，促进侧枝上形成第 1 花序。第 1 盛果期后在距植株顶部 60～100 厘米处的原开花节位上，还会再生侧枝，也应摘心保留侧花序。

**（三）摘心**

主蔓长 15～20 节、高 2～2.3 米时摘心，促进下部侧枝花芽形成。

## 五、病虫害防治

**（一）主要病虫害**

**1. 病害**　主要有根腐病、枯萎病、锈病、煤霉病、白粉病、病毒病、炭疽病、细菌性疫病、疫病等。

**2. 虫害**　主要有豆螟、豇豆荚螟、豆野螟、潜叶蝇、蚜虫、红蜘蛛等。

**（二）药剂防治**

**1. 根腐病**　可选用 70％甲基硫菌灵 800 倍液、或 50％异菌脲 1 000～2 000 倍液防治。

**2. 锈病**　可选用 40％氟硅唑 6 000 倍液、或 25％三唑酮 35～60 克防治。

**3. 煤霉病、炭疽病**　可选用 70％甲基硫菌灵 1 000～2 000 倍液防治。

**4. 细菌性疫病**　可选用农用链霉素 3 000～4 000 倍液防治。

**5. 疫病**　可选用 75％克露 500～800 倍液防治。

**6. 病毒病**　可选用病毒 A 500 倍液防治。

**7. 白粉病**　可选用 62.25％锰锌·腈菌唑可湿性粉剂 600 倍液防治。

**8. 蚜虫**　可选用 0.36％苦参碱 1 000 倍、10％吡虫啉 10～20 克防治，以叶背喷施为主。

**9. 潜叶蝇** 可选用 75％灭蝇胺 5 000 倍液防治，以叶背喷施为主。

**10. 豆螟、豇豆荚螟** 可选用 5％氟虫腈 1 000 倍液防治，在现蕾期开始喷药，及时清除落花落荚。

**11. 红蜘蛛** 可选用阿维菌素 3 000 倍液、75％灭蝇胺 600 倍液、10％吡虫啉 10～20 克防治，以叶背喷施为主。

## 六、及时采收

一般在 4 月底开始采收，采收要仔细，严防损伤花序上的其他花蕾，更不能连花柄一起摘下，要保护好花序，使之继续开花结荚。

一般豇豆从播种至采收需 60～80 天。当荚条粗细均匀，荚面豆粒处不鼓起，即达商品采收适期。第 1 个荚果宜早收，采收过晚，荚肉变松，色变白，炒食风味降低，同时也影响下茬嫩荚生长。一般盛荚期每天应采收 1 次，后期可隔天采收，以傍晚采收为宜。

# 第六节 蚕豆、豌豆

## 一、地块选择

海拔 650 米以上，土层肥沃、高燥地块。

## 二、品种选择

蚕豆可选强春性、早熟、育期短的崇礼蚕豆；高产、优质、特大粒的青海 9 号；豌豆宜选择早熟、耐肥、高产的中豌 4 号；中豌 6 号等品种。

## 三、适时播种

一般于 12 月初至翌年 1 月初播种，蚕豆每亩播种量 5～6 千克，豌豆每亩播种量 3 千克左右，利用前茬盘菜畦沟免耕点播，株行距 30 厘米×35 厘米。

## 四、水肥管理

要施足基肥，重施花荚肥。亩施腐熟农家肥 500 千克，磷肥 50 千克，土泥灰 1 500 千克作为基肥。由于高山地区春前低温持续时间较长，为了防止豌豆冬季旺长受冻，一般在翌年 2 月中旬气温回升，每亩施尿素或三元复合肥 5 千克左右，作为拔节肥，豌豆要用 100 厘米左右的树枝搭架引蔓，花蕾初期重施花荚肥，每亩用 48％三元复合肥 10 千克加 2 千克硼锌复合肥兑水浇施。结荚初期亩用 0.5 千克硼砂兑 50 千克水叶面喷施，连续 2～3 次。当杂草长到 3 叶左右时，在立春之后，雨水偏多，结合中耕除草，清沟排水，以免造成渍害。

## 五、病虫害防治

3 月中下旬选用 75％灭蝇胺 2 000 倍液防治豌豆潜叶蝇和蚜虫。在开花结荚和鼓粒期用多菌灵可湿性粉剂防治豆荚黑斑病等。

# 第七节　西　　瓜

## 一、露地栽培

### （一）地块选择

应选择地势高燥、排灌方便、上茬无瓜果种植，以两作以上水稻田最好，宜冬季翻耕，以促进土壤熟化。提倡相对连片种植，合理搭配种植面积。

### （二）培育壮苗

**1. 选用良种**　选用抗逆性强、结果早的西农 8 号、绿保王等品种。

**2. 适时播种**　播种时间掌握在 3 月底、清明前，播种前严格做好种子处理；催芽温度掌握在 25～32 ℃，经 24 小时，破胸露白待播育苗。

**3. 保温育苗**　提前做好苗床，制作营养钵。营养土用清板田表土，去掉稻草根等杂质，以腐熟粪肥、硫酸钾、磷肥拌匀入钵。每钵播 1 粒种子，覆盖厚 1 厘米细沙，然后搭架加盖塑料薄膜，保持土壤湿润，膜内包装湿度 60%，温度 25～28 ℃，3～4 日即可出苗。

**4. 苗床管理**　育苗以保温为主，土壤不过于潮湿，温度保持在 22～30 ℃，温度过高时易产生高脚苗及烧苗现象，及时抓好通风换气。通风时，根据苗床长度、温度高低灵活掌握。

**（三）合理密植**

4 月中旬后看天气定植，宜选择晴天起苗定植，起苗时力争土块不散，选择茎节健壮的苗，淘汰病弱苗，定植不宜过深。作 3.8 米宽的畦，每畦植两行，株距 1 米，苗植 350 株，定植后即浇上定根肥再加盖 1 米宽地膜，以利保持水分，长根促叶。

**（四）田间管理**

**1. 科学施肥**　西瓜对肥料需求量较多，应在整地前施足有机肥作为基肥，定植穴内施复合肥，苗期追肥施磷酸钾，6 月上旬开花坐瓜后，力求磷、钾肥配合施用，为提高西瓜甜度和质量，喷施磷酸二氢钾 2～3 次。

**2. 整蔓压蔓**　西瓜蔓叶生长茂盛，容易互相荫蔽，滋生病虫，在栽培管理上采用三蔓式整枝，即主蔓加植株 3～5 节间选留两条生长旺盛的子蔓，其他侧蔓都除去。整蔓同时将蔓引向同一方向，并保持相当的距离，不互相重叠，以利通风透光。为促进西瓜不定根的发生、扩大吸收面积和防止西瓜徒长，于晴天下午在雌花前节压蔓。在西瓜膨大期间，于晴天下午进行翻瓜 2～3 次，使其全面采光，清除阴暗面，增进美观。

**3. 病虫害防治**　主要病虫害有枯萎病（也叫蔓割病）、炭疽病和黄守瓜（俗称苋萤子、萤火虫）、蚜虫，病害防治以预防为主，注重农业防治，即种子消毒、土壤处理和氮、磷、钾配合施用，重施有机肥。必要时于雨后药剂防治，发现病株，立即拔除销毁。

**（五）适时采摘**

为提高经济效益，有利保鲜，西瓜采摘期为九成熟。

## 二、大棚栽培

### （一）选择品种

选择适合大棚栽培的优质早熟小型礼品瓜品种，如黑美人、小兰等。

### （二）播种育苗

**1. 构建电热线加温苗床，配制营养土，制作营养钵**　电热线加温苗床建在大棚内，床框宽 1.5 米、深 0.3 米、长 10 米，床框做好后铺 10 厘米稻草，再铺 5 厘米细泥土，铺匀踩实，电热线在细泥土上按间距 5 厘米平铺后，再盖上 5 厘米细泥土，铺匀踩实，即成为电热线加温苗床，并在温床内插上电热温控器，盖上小拱棚。营养土用草木灰土、腐殖质土、未种过瓜类的肥沃田土、腐熟栏肥以 3：3：3：1 配比而成。营养土用多菌灵兑水喷洒后充分搅拌，堆置 3~4 天做好土壤消毒。制作营养钵时，要控制营养土湿度，必须达到土干不硬，遇湿不散的要求，装入直径 8 厘米的营养钵。

**2. 适时播种**　根据黄坦海拔 320 米的丘陵气候，播种期定于 1 月下旬至 2 月上旬。播种前将营养钵整齐地摆放在温床上，待棚内温度稳定在 25~28 ℃时即可把经过催芽的露白种子播入营养钵内覆土，再盖 1 层地膜，待 90% 种子拱土后揭掉地膜。苗床管理在播种至出苗前以保温为主，白天温度保持在 28 ℃左右，夜间17 ℃，4~5 天整齐出苗后及时通风，降低温、湿度，防止发生高脚苗。有两叶一心时即可移栽定植。

### （三）合理密植

大棚礼品西瓜栽培生育季节短，要施足基肥，促进早发，基肥亩施用腐熟有机肥 2 000 千克，再增施硫酸钾 40 千克，复合肥 30 千克，过磷酸钙 50 千克，控制氮肥用量。开深沟，筑成连沟宽 2 米的畦。礼品西瓜一般亩栽 600 株，在畦面上按 0.5 米株距开穴栽苗，每畦对栽两行，浇水覆膜，覆膜时要拉紧，四周压严。移栽前做到营养钵浇透水，带肥带药定植。

### （四）加强田间管理

**1. 温度管理** 西瓜生长适宜温度 25～30 ℃，夜间温度不低于 18 ℃。因此大棚西瓜定植后不必放风，随着天气转暖，温度升高，加大放风量，延长放风时间。当温度适宜西瓜生长时撤掉大棚裙膜。

**2. 合理整枝** 礼品西瓜宜三蔓整枝，整枝时除主蔓外，留 2 条生长旺盛的子蔓，并将主蔓和子蔓引向同一方向，保持相等距离。选第 2 雌花人工授粉坐果，严格去除坐瓜节位前的侧蔓与孙蔓。每株选 2～3 个圆正的果，其余果摘除。

**3. 追肥** 在施足基肥的基础上，每亩追施伸蔓饼肥 30 千克、膨瓜复合肥 20 千克、硫酸钾 20 千克，并结合病虫防治喷施 0.5% 尿素和 0.3% 磷酸二氢钾。

### （五）适时采收

根据礼品小西瓜的生育特点，要适时采摘上市。第一茬瓜收获完毕，若长势好，通过加强田间管理还可收二茬瓜，以增加效益。

# 第八节 秋 黄 瓜

## 一、地块选择

海拔 300～500 米，地势高燥，排灌方便。

## 二、品种选择

品种选择雅美特等。

## 三、育苗

7 月上旬前茬西瓜成熟期，采用小拱棚覆盖遮阳网育苗。播前用 55 ℃温汤浸种 15 分钟，在恒温条件下催芽，芽出齐后播入营养钵，三叶一心时带土移栽。

## 四、种植密度

每亩定植 1 500～2 000 株。

## 五、田间管理

### (一) 水肥管理

由于前茬瓜类作物肥力充足，一般亩穴施腐熟有机肥1 000千克，钙镁磷肥100千克拌2 000千克焦泥灰作为基肥。秋黄瓜植株生长发育快，挂果多，需要均匀不断地供应肥水，营养生长期用20%浓粪水追肥2次，以延缓功能防衰老，提高产量。

### (二) 栽培管理

利用前茬西瓜畦沟分四畦，栽植秋黄瓜，当蔓长0.3米，植株吐须时，及时搭架，在田中立粗桩，拦腰横绑2～3根较粗的木棍或竹排支撑，并根据植株长势随时绑蔓，勤施薄肥，及时清沟排渍。

### (三) 病虫害防治

主要病害有霜霉病、疫病、细菌性角斑病，虫害主要有黄守瓜（俗称苋萤子、萤火虫）、蚜虫，及时用高效低毒农药叶面喷施。

# 第九节 盘 菜

## 一、地块选择

海拔650米以上，土壤疏松，排灌方便，凉爽肥沃，前茬为非十字花科的地块。

## 二、品种选择

选用生育期短、产量高、品质优、食味佳、外观美、商品性好的玉环盘菜、温州盘菜。

## 三、培育壮苗

### (一) 种子处理

播种前晒种、洗种、装袋，高温烫种、温水浸种，消灭种子所带病源。

**（二）苗床选择**

选择肥沃疏松、阴凉通风、地下水位低、排灌方便、土壤pH 6.5～7、两年没有种植十字花科作物、前茬水作的田块作为苗床。

**（三）苗床整理**

播种前 7～10 天深翻晒土，每亩施腐熟栏肥 3 000 千克、生石灰 100～150 千克，粗整地块，覆膜闷畦，以消毒、调酸等，3 天后每亩施土泥灰 1 500 千克，耖平细整，使床土下粗上细，床面呈拱形。每亩大田用量 25 克，播种面积 25～30 米²。

**（四）适时播种**

根据前茬作物收获时间和盘菜上市最佳时间（国庆节前后）而定，一般在 7 月上旬选晴天的傍晚播种，将等量种子均匀播在苗床上。播前浇足底水，播后喷敌磺钠 800 倍液，之后覆盖过筛的焦泥灰或细土，覆盖 50% 遮阳网遮阴，保湿出苗。搭小拱棚，覆盖 22 目银灰色防虫网，以防虫避雨。

**（五）精心育苗**

出苗后 10 天左右，当第 2 片真叶完全展开时开始间苗，疏密留稀，间弱留壮，苗距 2～3 厘米，并追肥 1 次，同时喷药防病，培育壮苗。

**（六）适龄移栽**

当苗龄 25 天左右，有 5～6 片叶时即可移栽。选块茎相对较大、2 片子叶完整匀称、叶片光泽嫩绿、无病斑的幼苗，带土、带肥、带药移栽。

## 四、整地施肥

**（一）整地挖穴**

栽前清理田园，并施生石灰 100～150 千克，消毒除草，调整土壤 pH，可直接利用前茬作物的畦沟，免耕开穴，密度为 40 厘米×50 厘米，穴位不宜过深。

### （二）施足基肥

由于盘菜生育期较短，应施足基肥，且重施有机肥，增施磷钾肥。严格控制化学氮肥用量，严禁使用硝态氮肥。一般每亩施腐熟栏肥1 000千克、土泥灰1 250～1 500千克、钙镁磷肥50千克、硼锌复合肥2千克、磷酸二氢钾2千克。

## 五、合理密植

亩栽3 500株，定植时在傍晚进行，主根要直、栽浅。

## 六、中耕除草

盘菜在大田生长需要50天左右，定植缓苗返青后当杂草长到2～3叶时，结合中耕除草，每亩施30％腐熟人粪肥500千克。有条件的地方，畦面可覆盖1层干草抑制杂草生长，起到降温、保湿、抗旱作用。

## 七、水分管理

水分管理是防止盘菜空心裂根的关键，盘菜忌干旱、渍水。栽后浇定根水，活根后田块以湿润为宜，块根膨大高峰期要供给充分水分，防止过干过湿。若遇长期干旱天气，尽量采取喷灌，切忌放水浸灌或大水漫灌，以控制多种病菌随水流传播。

## 八、适时追肥

追肥3～4次，一般每隔10天一次，前期有机肥为主，后期化肥为主。

第一次：活棵肥，亩施16％三元复合肥2千克加尿素1千克兑水200千克浇施根部。

第二次：肉质根开始膨大时，亩施16％三元复合肥2.5千克加尿素2千克兑水200千克浇施根部。

第三次：肉质根膨大高峰期，追肥尿素5千克浇施根部四周，严禁直接施在根上。

第四次：视叶色，追肥尿素 3～5 千克。

# 九、病虫害防治

主要病害有病毒病、软腐病、炭疽病、叶斑病；虫害有菜蚜、跳甲、菜青虫、夜蛾类等。

（一）农业防治

**1.** 实行轮作倒茬，增施有机肥和磷、钾肥，培育无病虫壮苗；及时清洁田园，定植时严格淘汰病株，以降低病原菌及虫口数量，减少初侵染源。

**2. 物理防治**  覆盖网纱育苗，从播种到采收最好全过程搭小高棚覆盖银灰色防虫网，采收前 10 天左右揭网，这样利于阻隔害虫、防治病毒病。同时根据害虫草的趋光性在菜地悬挂频振式杀虫灯诱杀菜蛾和夜蛾的成虫，一般每 10 亩左右安装 1 盏杀虫灯具有良好的效果，以保证盘菜的质量和产量。此外，用色板诱蚜也能减轻病毒病发生。

**3. 生物防治**  保护天敌，选择对天敌相对安全的农药，利用农用链霉素、农抗 120、苏云金杆菌乳剂等生物药剂防治病虫。

**4. 药剂防治**

（1）病毒病。可选用 20％病毒 A 500～700 倍液或 3.95％病毒必克可湿性粉剂 600 倍液防治。

（2）软腐病。可选用 72％农用链霉素 2 000 倍液防治。

（3）炭疽病。可选用 50％多菌灵可湿性粉剂 800 倍液防治。

（4）叶斑病。可选用 50％甲霜灵可湿性粉剂，或 75％百菌清可湿性粉剂，或 50％异菌脲悬浮剂 1 000～2 000 倍液喷雾。

（5）蚜虫。可选用 0.36％苦参碱水剂 500～800 倍液防治。

（6）跳甲、夜蛾类、菜青虫。可选用苏云金杆菌乳剂、氟虫腈等高效低毒杀虫剂防治。

（7）严格控制用药次数，并注意安全间隔期。

## 十、及时采收

一般在定植后 50～60 天，叶片开始平铺转色，单根重在 0.5 千克左右时，根据市场行情及时采收，以提高经济效益。

# 第十节 糯米山药

糯米山药，是文成县优良地方品种之一，俗称文成山药、文山药。一年生缠绕藤本植物。块茎胶质多而黏滑，糯性强，煮食冷后不易回生，品质优，食味佳。

## 一、地块选择

糯米薯对土壤要求不严，山地、水田均可种植，但根据其生长特性，宜选择向阳、避风、排水良好、土层深厚、肥沃疏松的沙质壤土为佳。

## 二、整地施肥

在播种或移栽前，选择晴好天气进行深翻耕整地，按 150～170 厘米宽开沟做成高垄，垄高 50 厘米以上，按株距 50～60 厘米挖穴，每亩穴施腐熟的优质有机肥 1 000 千克以上、硫酸钾复合肥 80 千克左右后覆土。在经过曝晒后的第 2 天或雨前进行地膜覆盖待栽。

## 三、种茎处理

### （一）种薯选择

选择具有本品种特征、无病虫害、肉质根直的健壮种薯切块。

### （二）种块处理

种薯在切块前用 75% 百菌清 1 000 倍液或 50% 多菌灵 500 倍液浸 10～15 分钟，捞起晾晒待用。根据种薯大小进行切段，切成重 60～70 克的小块，将伤口蘸上草木灰或石灰，并于太阳下晒 1～2 小时，或置于通风处晾 1～3 天待播，也可当天切块当天播种。切种块时要注意观察，切口肉鲜白、黏液多的留作种块用，颜色暗淡则已变质，应予淘汰，不能留作种块用。

（三）适时催芽

一般低山于3月下旬、中高山于4月初选择坐北朝南、避风向阳、排水畅通、土壤肥沃疏松、近5年内未种过薯蓣的地块作为苗床，翻耕做成平畦，密摆种块，覆盖焦泥灰或细土厚3～5厘米，再覆盖稀少稻草。对过于干燥的土壤应洒水，洒到土质湿润为止。采用0.05毫米左右的多功能塑料薄膜平铺催芽，四周用泥土压实。对出苗后来不及移栽的，及时揭去薄膜，以免烫苗。

## 四、定植时间

当种块发芽（黄豆大小）时即可开始移栽，一般于4月中旬至5月中旬移栽。移栽时在两穴中间开浅小穴，将种块摆放在穴中，每亩栽700～800株，先覆盖厚3～5厘米的焦泥灰或泥土，再覆盖稻草、茅草、黑膜等覆盖物。

## 五、除草

糯米山药根系分布在浅土层，一般上架后不宜松土除草，有草也只能用手拔除，以免伤根。要及时铲除畦沟边杂草。注意在茎蔓露水或雨水未干时，切忌田间操作，以免伤害藤蔓易感炭疽病。

## 六、搭架

可用竹竿或小杂木等进行搭架，竿长2.5～3米，在两株的中间垂直扦插一支杆，杆与杆中间用长杆连接加固，引蔓上攀。

## 七、追肥

生长中期（藤蔓到杆顶）重施，每亩浇施或穴施硫酸钾复合肥25千克，15天后再追施1次；后期视长势而定，以钾肥为主。糯米山药是忌氯作物，土壤中氯离子过量会影响其生长，表现为藤蔓生长旺盛、块茎产量降低、品质下降、不耐贮藏。因此，在生产上禁止使用含氯肥料。

## 八、水分管理

糯米山药怕积水，较耐旱。应经常清沟排水，做到雨止沟中无积水，以防渍害。遇长期干旱，可在傍晚灌跑马水或浇水，切勿长期漫灌，以免沤根。

## 九、病虫害防治

**1. 炭疽病**　主要病害为炭疽病（薯瘟），该病主要为害叶片及藤茎。叶片染病初生暗绿色水渍状小斑点，以后扩大为褐色至黑褐色圆形、椭圆形或不规则的大斑。藤茎染病初生梭状不规则斑，中间灰白色、四周黑色，严重的上、下病斑融合成片，致全株干枯。一般在藤蔓上架后，选用代森锰锌、多菌灵、硫菌灵、百菌清、苯醚甲环唑等进行叶面喷雾预防；8～9月为病害高发期，发现病叶时，可选用吡唑醚菌酯、嘧菌酯等药剂进行叶面喷雾防治，每隔7～10天喷1次，连续喷3次。病情得到有效控制后，一般每隔10～15天用预防药剂喷药预防1次。如遇多阴雨天气要缩短喷施间隔期，台风后必喷药预防。喷施时从下而上，叶片正反面都要喷到，喷至叶面有水滴（湿润）为度。每次喷药时均可加入0.2%～0.3%磷酸二氢钾，防效更好。

**2. 细菌性顶枯病**　主要症状为在植株的顶部生长点或生长点沿下整段变黑褐腐烂枯死。可选用噻菌铜或农用链霉素喷雾防治。

**3. 立枯病（茎腐病）**　主要为害幼苗近泥面的幼茎，茎部病斑呈暗绿色水渍状，病部凹陷腐烂，严重时绕茎1周，幼苗或藤蔓萎蔫倒伏死亡。可用百菌清、嘧菌酯等农药喷洒或浇灌茎蔓基部防治。

**4. 斜纹夜蛾**　虫害主要有斜纹夜蛾等，可选用甲氨基阿维菌素苯甲酸盐等药剂防治。

**5. 地下害虫**　地下害虫主要有蛴螬、地老虎、蝼蛄等。在5月中旬至6月上旬，可选用溴氰菊酯、辛硫磷喷洒植株及地面；或用敌百虫加水少量，拌炒过的麦麸5千克，于傍晚撒施诱杀。

**6.** 在收获 1 个月前停止施用杀虫剂，以免农药残留对人身的伤害。

## 十、采收

**1. 采收时间** 霜降后霜冻前及时采收。

**2. 采收方法** 用锄头先将肉质根四周的泥土挖出，再用手往上拉出肉质根。

## 十一、留种

糯米山药留种薯应在立冬前，选晴天采挖，择无病虫害、茎条直的健壮肉质根留种。生产上一般多用中、小茎留作种茎，因中、小茎切块后，所带种皮多，易发芽，不易腐烂，但芽比大薯弱。

## 十二、贮藏与运输

**1. 贮藏** 采用窑洞或大棚方式贮藏。

**2. 运输** 运输过程中应注意防雨淋、防冻、防损伤。

# 第十一节　糯米红薯

## 一、地块选择

应选择在四周无高大树木、竹林和建筑物，光照充足，排灌条件良好，土层深度要求在 30 厘米以上，地下水位 100 厘米以下，有机质含量丰富，通透性良好的壤土。

## 二、种薯生产、贮藏

**1. 种薯品种选择** 种薯品种选择口感好，低褐变、支链淀粉含量高，抗病、耐旱、适用性广、高产的品种。

**2. 种薯生产** 生产单位应建立原种生产和良种繁育体系，在田间多次检查、去杂去劣进行提纯复壮。秋薯繁种同商品淮山。

**3. 种薯留种** 选择同一品种的薯种，薯形整齐、大小适中，每块重量在 100～250 克，无病斑、无虫斑、无机械损伤、无自然干裂、无畸形、无霜冻、色泽鲜亮的完整秋薯块为宜。

**4. 包装运输**　种薯用箩筐或用其他工具包装运输，轻放，不要擦伤外皮。

**5. 建造贮窖**　山区、半山区选择朝南、土层深厚山坡地挖成口小肚大的洞窖或室内挖窖；平原地下水位高，采用室内地面黄沙贮藏（一层黄沙一层种薯）。

**6. 窖内管理**　安全贮藏温度为 $10\sim15\ ℃$，最适温度为 $12\sim13\ ℃$。要求冬前（入窖后 30 天）应以通风换气为主，开放门窗，使窖温降到 $15\ ℃$ 以下。冬季，封严门窗，阻塞鼠洞，加厚盖物，保持窖内温度 $12\sim13\ ℃$。春季气温回升，在保持 $12\sim13\ ℃$ 最适温度上，加强通风换气。这个阶段，天气多变，寒潮频繁，注意种薯防冻。窖内的相对湿度保持在 $80\%\sim85\%$。

## 三、育苗

### （一）育苗时间

3 月中下旬，提倡统一育苗，统一供苗，就地育苗，就地种植。在播种前 $15\sim20$ 天，将薯块切成 $4\sim7$ 厘米一块，用草木灰涂抹切口，在室内放 $2\sim3$ 天，待切口愈合后将切块放在温暖的地方或苗床中催芽（$20\ ℃$ 以上）。

### （二）苗床

育苗地宜选用避风向阳、土壤肥沃疏松、靠近水源、排水方便的田块。翻耕整垄，早耕耙，熟化土壤，整细整平，作垄。做成 1.3 米宽、0.25 米高苗床，垄面龟背形，土块要细，并撒施石灰粉进行苗床消毒处理。

### （三）选种

选择无病斑、虫块、伤块、冻块，大小适中，皮色鲜明做种。严格消毒。

### （四）排种

种薯平放或倾斜，尾部朝下，背面朝上，大薯块排在中间，小薯块排在四周，以利出苗整齐。

## （五）管理

采用在酿热物温床上覆盖地膜的育苗方法培育壮苗。控制床温，温度保持 25～35 ℃；床土湿润，当发现土壤表面干白时，应及时洒一些水或稀人粪尿，以促苗迅速生长；齐苗后温度降至 22～25 ℃，超出 30 ℃揭膜降温，防高温烧芽。

# 四、移苗定植

## （一）定植时间

一般为 4 月中下旬。当苗高 5～10 厘米时就及时移苗。移苗要在晴天下午进行，根据芽的长短分级，同级的定植在一起，移苗后要及时施肥，每亩施尿素 15 千克。

## （二）定植密度

垄宽 140 厘米，株距 35～40 厘米，一垄定植双行，每亩保证 2 400～3 000 株的种植密度。

# 五、施肥

## （一）施肥原则

合理施肥、培肥地力，改善土壤环境，改进施肥技术。大力增施有机肥，提倡使用腐熟有机（农家）肥、施用酵素菌沤制的堆肥和生物肥料，尽量少用化学肥料。

## （二）基肥

亩施腐熟农家肥 1 500～2 000 千克，钾肥 5～7.5 千克，整地做垄。

## （三）追肥

移植后 30 天重点施好夹边肥，亩施三元复合肥（N：P：K＝16：16：16）15 千克；结合培土看苗施好裂缝肥，8 月底～9 月初为宜，亩施尿素 4～5 千克；后期需磷钾量较大，应每亩叶面喷施 1％尿素加 0.3％磷酸二氢钾溶液 50 千克，防早衰。

# 六、田间管理

## （一）查苗补株，保证苗数。

### （二）搭架

糯米红薯蔓多叶盛，需搭架引蔓上架，以利于综合吸收太阳光。当蔓长 30 厘米时搭"人"字形或篱型支架，引蔓上架。

### （三）除草覆草

在夏至前后结合中耕除草、松土、培土，及时用青草或茅草盖畦面，以防止阳光直射，减少水分和养分的流失、杂草的丛生，降低土温。

## 七、有害生物综合治理

### （一）综合治理原则

主要病虫害有黑斑病、淮山瘟、斜纹夜蛾及地下害虫等，以农业防治为基础，根据病虫发生情况，因时、因地制宜，合理运用生物防治、物理机械防治、化学防治等措施。

### （二）农业防治

1. 选用抗病虫品种，加强栽培管理，如采用薯铃子育苗。

2. 及时清除病藤叶和拔除杂草，并集中处理或烧毁，减少传播源。

### （三）物理防治

1. 应用银灰色地膜覆盖降温、抑虫、除草。

2. 利用黄板、性诱剂、频振式杀虫灯等诱杀成虫。

### （四）生物防治

1. 保护和利用瓢虫、草蛉、食蚜蝇、蜘蛛等捕食性天敌和赤眼蜂、绒茧蜂等寄生性天敌。

2. 利用微生物、生物农药，以农用抗生素（多抗霉素、农抗菌素 120、农用链霉素等），抗菌剂（401、402）等微生物农药浸种和防治病虫。

### （五）化学防治

1. 使用化学农药时，要严格执行 GB 4285《农药安全使用标准》，禁止使用高毒高残留农药品种。

2. 合理混用、轮换交替使用不同作用机制或具有负交互抗性的药剂，克服和推迟病虫害抗药性的产生和发展。

（1）黑斑病。可选用 50％多菌灵 1 000 倍液或 75％百菌清 800

倍液防治。

(2) 斜纹夜蛾。可选用 15%茚虫威悬浮剂 3 500 倍液防治。

(3) 地下害虫。可选用 50%辛硫磷乳油 800 倍液防治。

## 八、适时收获

当日平均气温降至 15 ℃时，茎叶生长和薯块膨大停止，即可开始收获。糯米红薯迟收不但不增产，反而因呼吸作用消耗养分，产量下降，出粉率降低。

# 第十二节　春早熟生姜

## 一、地块选择

海拔 300 米以下，土层深厚、疏松肥沃。

## 二、品种选择

文成当地生姜品种。

## 三、种姜催芽

种姜先进行催芽。排姜时先将种姜掰成重约 50 克的小块，伤口处用草木灰处理，每小块留 1～2 个壮芽。每亩需用种姜 400 千克左右。

## 四、定植

作畦宽 1.2 米、沟宽 20 厘米、沟深 25 厘米。按间距 35 厘米在畦上开种植沟，沟深约 15 厘米，宽 8～10 厘米。按株距 22 厘米斜排在沟里，横行种 6 株，每亩种植生姜约 8 000 株。生姜播种覆土后，畦面盖一层稻草，然后再覆盖地膜，地膜四周用泥封严，以防被风刮走。稻草覆盖能保温、防杂草，还能为生姜生长提供部分养分。

## 五、水肥管理

基肥每亩施腐熟农家肥 1 500～2 000 千克、三元复合肥 25 千克。复合肥不能直接与种姜接触，应施在距种姜 8～10 厘米的株间，农家肥直接盖在种姜上面。齐苗后追施尿素 10～15 千克，促进幼苗生长。5 月底至 6 月初再追肥 1 次，每亩施尿素 10 千克。

## 六、田间管理

4 月中旬，生姜开始出苗，应及时揭去地膜，防止高温烧苗。结合清沟培土，做好排水、灌水工作，降低田间湿度，减轻病虫害发生。

## 七、分批采收

6 月下旬至 7 月中旬分批采收上市。

## 八、常见病虫害

主要病害有腐败病（姜瘟），主要虫害有玉米螟。

# 第十三节　花　椰　菜

## 一、地块选择

海拔 650 米以上，土壤肥沃疏松、排灌方便。

## 二、品种选择

庆农系列 65 天花椰菜。

## 三、育苗

选择土壤肥沃疏松、阴凉通风、地下水位低、排灌方便、土壤 pH 为 6.5～7、两年未种植十字花科作物或前茬水作的田块作为苗床。播种根据前茬作物收获时间确定，一般在 9 月中旬选晴天傍晚播种，搭小拱棚，用 22 目银灰色防虫网覆盖防虫避雨，培育壮苗。

## 四、种植密度

密度为 40 厘米×50 厘米，一般每亩 3 300 株左右。

## 五、水肥管理

由于花椰菜生育期较短，因此要施足基肥，应重施有机肥，增施磷钾肥，严格控制化学氮肥用量。一般每亩施腐熟栏肥1 000千克，焦泥灰2 000千克，钙镁磷肥50千克，硼锌复合肥、磷酸二氢钾各2千克。定植缓苗后返青后施1次缓苗肥，每亩施20%腐熟人粪尿500千克。花椰菜忌干旱、渍水。栽后浇定根水，活根后做到田块湿润，花球膨大高峰期要供给充足水分，防止土壤过干或过湿。

## 六、栽培管理

当菜苗长至5～6片叶、苗龄25天左右时即可移栽。选用两片子叶完整匀称、叶片光泽嫩绿、无病斑的菜苗，并要求菜苗带土、带肥、带药移栽。定植缓苗返青后，视杂草生长情况及时中耕除草，然后畦面覆盖一层干草抑制杂草生长，防止水土流失，并起到保温、保湿、抗旱的作用。当花椰菜单球重1千克左右，可根据市场行情，及时采收上市，以获取好的经济效益。

## 七、常见病虫害

主要病害有软腐病、黑茎病、霜霉病等，主要虫害有蚜虫、菜青虫、小菜蛾等。

# 第十四节　冬　叶　菜

## 一、冬蔬菜

### （一）地块选择
海拔300～500米，地势高燥、排灌方便。

### （二）选用良种
选用高产稳产、根系发达、抗倒耐寒的叶菜类等品种，如皱叶黑油冬。

**（三）培育壮苗**

用药剂浸种，通过种子处理达到控矮促蘖和预防幼苗期病虫为害。适时播种，加强水浆管理。采用撒播加拱棚遮阳育苗。

**（四）合理密植**

根据上作（如黄瓜）的采收时间，秧龄控制在 20 天左右，不超过 25 天，力争早栽掌握密度，一般每亩定植 4 000～5 000 株。

**（五）田间管理**

**1. 施足基肥，早施追肥** 基肥，有机肥为主；追肥，栽后 5 天内施尿素 3 千克定根，肥力差的田块在栽后 10 天内再适施尿素。

**2. 抓好大田病虫防治** 油冬菜病害较少，虫害主要防治蚜虫、菜青虫。

## 二、冬春白菜

**（一）地块选择**

海拔 300 米以下，土层深厚、疏松肥沃。

**（二）品种选择**

宜选择油冬儿、上海矮抗青等品种。

**（三）播种育苗**

10 月上中旬播种。苗床先用稀人粪水浇透，播种后用适量焦土灰盖籽。出苗后根据天气情况，及时补充水分，保持苗床湿润。11 月上旬移栽，苗龄 25 天左右。

**（四）定植**

单季晚稻收割后及时翻耕整地，作畦宽 1.2 米、沟宽 20 厘米、沟深 20 厘米，每畦种 4 行，行距 30 厘米，株距 25 厘米，每亩种植 7 600 株。

**（五）水肥管理**

基肥每亩穴施腐熟农家肥 1 000～1 500 千克，定植成活后，追施稀人粪尿 1 次。以后视蔬菜生长情况追肥 2～3 次，每次每亩施尿素 10～15 千克。

**（六）常见病虫害**

主要病害有霜霉病等，主要虫害有菜青虫、蚜虫等。

# 主 要 参 考 文 献

陈体员，张德斌，周海星．2013．优质薯蓣地方品种糯米薯的特征特性及栽培技术［J］．现代农业科技（4）：86－87．

蒋加勇．2002．大棚礼品西瓜栽培技术［J］．上海蔬菜（6）：34．

蒋加勇．2005．露地西瓜—晚稻高效栽培技术［J］．温州农业科技（2）：25，31．

蒋加勇．2008．食用淮山薯生产技术操作规程［J］．中国农村小康科技（1）：56－57．

蒋加勇，施维，钟伟荣．2010．山地西瓜—秋黄瓜—冬青菜高效配套技术［J］．浙江农业科学（增刊2）：224－225．

金再欣，黄正旭，吴正村．2005．A级绿色食品蔬菜—盘菜栽培技术［J］．上海蔬菜（5）：10－11．

刘小玲，金再欣，胡宝兰，等．2007．A级绿色食品白银豆生产技术规程［J］．中国农村小康科技（9）：48－49．

郑华，周月英，吴日锋，等．2002．大棚茄子套种豇豆高效无公害栽培模式［J］．中国农学通报（5）：141－142．

郑华，刘利华，金再欣，等．2006．文成县茄子周年栽培关键技术［J］．中国蔬菜（9）：48－49．

郑华，刘利华，林华，等．2008．低山红茄早秋长季栽培关键技术［J］．农业科技通讯（11）：148－150．

郑华，刘利华，林华，等．2009．文成县无公害山地辣椒生产技术规程［J］．农业科技通讯（1）：153－155．

郑华，刘利华，林华，等．2011．山地辣椒无公害防风避雨长季集成栽培技术［J］．江苏农业科学（增刊）：98－99．

钟伟荣，施巨盛，金再欣，等．2006．文成毛豆及其高产栽培技术［J］．中国农村科技（6）：32．

朱礼．1996．文成县志［M］．北京：中华书局．

# 附录一 已经发布的生产技术规程

## 无公害食品 文成西瓜生产技术操作规程

### 1 范围

本部分规定了无公害食品文成西瓜的生产地选择、栽培技术、有害生物防治技术等要求。

本部分适用于文成县无公害食品西瓜的生产。

### 2 规范性引用文件

下列文件中的条款通过本部分的引用而成为本部分的条款。凡是注日期的引用文件，其随后所有的修改单（不包括勘误的内容）或修订版均不适用于本部分，然而，鼓励根据本部分达成协议的各方研究是否使用这些文件的最新版本。凡是不注日期的引用文件，其最新版本适用于本部分。

GB 4285 农药安全使用标准

GB/T 8321.1 农药合理使用准则（一）

GB/T 8321.2 农药合理使用准则（二）

GB/T 8321.3 农药合理使用准则（三）

GB/T 8321.4 农药合理使用准则（四）

GB/T 8321.5 农药合理使用准则（五）

GB/T 8321.6 农药合理使用准则（六）

GB/T 16715.1—1996 瓜、菜作物种子 瓜类

NY/T 496—2002 肥料合理使用准则

NY 5110 无公害食品 西瓜产地环境条件

NY/T 5111—2002　无公害食品　西瓜生产技术规程

DB 330328 T 5.2—2004　无公害食品文成西瓜　第2部分　商品瓜

## 3　定义

下列术语和定义适用于 DB330328/T14—2004 的本部分。

### 3.1

无公害西瓜指在产地环境质量符合 NY 5110 要求，按照本部分生产，西瓜中有毒有害物质控制在 DB330328/14.2—2004 要求的商品西瓜

## 4　产地环境选择

无公害西瓜生产的产地环境条件应符合 NY 5110 的要求

## 5　育苗

### 5.1　苗床构建

#### 5.1.1　苗床选择

苗床应选在距定植地较近、背风向阳、地势稍高的地方。地膜覆盖栽培时用冷床育苗，全覆盖和半覆盖栽培时用温床育苗。

#### 5.1.2　营养土配制

一般用田土和腐熟的有机肥料配制而成，忌用菜园土或种过瓜类作物的土壤。按体积计算，田土和充分腐熟的厩肥或堆肥的比例为 3∶2 或 2∶1；若用腐熟的鸡粪则可按 5∶1 的比例混合。

#### 5.1.3　营养钵选择

为了保护西瓜幼苗的根系，须将营养土装入育苗用的塑料钵、塑料袋或纸筒等内。塑料钵要求规格为：钵高 8～10 厘米，上口径 8～10 厘米。

### 5.2　品种选择

因地制宜选用抗病虫、易坐果、外观和内在品质好的品种。采

用全覆盖栽培和半覆盖栽培应选用耐低温、耐弱光、耐湿的品种。采用嫁接栽培时选用葫芦瓜品种、南瓜品种。西瓜的种子质量标准应符合 GB/T 16715.1—1996 中杂交种二级以上指标。

## 5.3　种子处理

将种子放入 55 ℃的温水中不停地搅拌 10～15 分钟，当水温降至 30 ℃左右时在水中继续浸泡 4～6 小时，洗净种子表面黏液。

## 5.4　催芽

将处理好种子用湿布包好后放在 28～30 ℃的条件下催芽；少量种子可放到内衣口袋里催芽。

## 5.5　播种

### 5.5.1　播种时间

10 厘米深的土壤温度稳定通过 15 ℃，日平均气温稳定通过 18 ℃时为地膜覆盖精力栽培的春播定植时间，育苗的播种时间从定植时间向前提早 25～30 天，即 3 月上旬至 4 月上旬单层大、中棚保护栽培、大棚加小拱棚双膜保护栽培育苗的播种时间分别比地膜覆盖栽培培育苗的播种时间提早 40 天、50 天。采用嫁接栽培时，育苗时间在此基础上再提前 8～10 天。

### 5.5.2　播种方法

应选晴天上午播种，播种前浇足底水，先在营养钵中间扎一个 1 厘米深的小孔，再将种子平放在营养钵上，胚根向下放在小孔内，随播种随盖营养土，盖土厚度为 1.0～1.5 厘米。播种后立即搭架盖膜，夜间加盖草苫。采用嫁接栽培时，顶插接和劈接的砧木播在苗床的营养钵中，接穗播种箱里。

## 5.6　嫁接

采用顶插接、劈接或靠接的方法进行嫁接。

## 5.7　苗木管理

### 5.7.1　温度管理

出苗前苗木应密闭，温度保持 30～35 ℃，温度过高时覆盖草苫遮光降温，夜间覆盖草苫保温。

出苗后至第一片真叶出现前，温度控制在 $20\sim25\ ℃$，第一片真叶展开后，温度控制在 $25\sim30\ ℃$，定植前一周温度控制在 $20\sim25\ ℃$。嫁接苗在嫁接后前 2 天，白天温度控制在 $25\sim28\ ℃$，进行遮光，不宜通风；嫁接后的 $3\sim6$ 天，白天温度控制在 $22\sim28\ ℃$，夜间 $18\sim28\ ℃$，以后按一般苗床的管理方法进行管理。

### 5.7.2 湿度管理

苗床湿度以控为主，在底水浇足的基础上尽可能不浇水或少浇水，定植前 $5\sim6$ 天停止浇水。采用嫁接育苗时，在嫁接后的 $2\sim3$ 天苗床密闭，使床内的空气湿度达到饱和状态。嫁接后的 $3\sim4$ 天逐渐降低温度，可在清晨和傍晚湿度高时通风排湿，并逐渐增加通风时间和通风风量，嫁接 $10\sim12$ 天后按一般苗床的管理方法进行管理。

### 5.7.3 光照管理

幼苗出土后，苗床应尽可能增加光照时间。采用嫁接育苗时，在嫁接后的前 2 天，苗床应进行遮光，以后逐渐增加光照时间，1 周后只在中午前后遮光，$10\sim12$ 天后按一般苗床的管理方法进行管理。

### 5.7.4 其他管理

采用嫁接育苗时，应及时摘除砧上萌发的不定芽。采用靠接法嫁接的苗子在嫁接后的第 $10\sim13$ 天，从接口往下 $0.5\sim1.0$ 厘米处将接穗的剪断清除。大约在嫁接后的 10 天左右，嫁接苗成活后，应及时去掉嫁接夹或其他绑物。

## 6 整地

西瓜地应选择在地势高、排灌方便、土层深厚、土质疏松肥沃、通透性良好的沙质壤土上，采用非嫁接栽培时，旱地需轮作 $5\sim6$ 年、水田需轮作 $3\sim4$ 年方可再种西瓜。播种前深翻土地，开挖瓜沟，施基肥后耙细作畦。

## 7　施肥

### 7.1　施肥原则

7.1.1　按 NY/T 496—2002 执行，根据土壤养分含量和西瓜的需肥规律进行平衡施肥，限制使用含氧化肥。

7.1.2　允许使用的肥料种类包括：农家肥料，在农业行政主管部门登记注册或免于登记注册的商品有机肥、微生物肥料、化肥、（包括氮肥、磷肥、钾肥、钙肥、复合肥等）和叶面肥（包括大量元素、微量元素、生长调节剂、海藻）。

### 7.2　基肥施用

在中等肥力土壤条件下，结合整地，每亩施优质肥（以优质腐熟厩肥为例）4 000～5 000 千克，氮肥（N）6 千克，磷肥（$P_2O_5$）3 千克，钾肥（$K_2O$）7.3 千克，或使用按比例折算的复混肥料。有机肥一半撒施，一半施入瓜沟，化肥全部施入瓜沟，肥料深翻入土，并与土壤混匀。

## 8　定植

苗龄 30～35 天，3～4 片真叶时选晴天进行定植。定植前 1 周，加强苗床通风，蹲苗提高幼苗适应性。定植时地表 10 厘米以下地温应稳定在 15 ℃以上。大棚栽培种植密度因整枝方法而异。爬地栽培的中型西瓜密植度一般每亩 300 株左右，合理稀植有利于植株长势稳健，提早成熟。小型西瓜前期三蔓整枝情况下每亩栽 600 株左右；四蔓整枝每亩栽 450 株；小型西瓜嫁接栽培的种植密度可以适当减少。瓜畦上于定植前 2～3 天覆盖地膜。采用塑料大棚、中棚栽培，定植后全园覆盖地膜，以降低棚内湿度，减少病害。定植时应保证幼苗茎叶和根系所带营养土块的完整，定植深度以营养土块的上表面与畦面齐平或稍深（不超过 2 厘米）为宜，嫁接苗定植时，嫁接口应高出畦面 1～2 厘米。

## 9 田间管理

### 9.1 缓苗期管理

采用全覆盖和半覆盖栽培时,定植后立即扣好棚膜,白天棚内气温要求控制在 30 ℃左右,夜间温度要求保持在 15 ℃左右,最低不低于 5 ℃。在湿度管理上,一般底墒充足,定植水足量时,在缓苗期间不需要浇水。

### 9.2 伸蔓期管理

#### 9.2.1 温、水、肥管理

采用全覆盖和半覆盖栽培时,白天棚内温度控制在 25 ~ 28 ℃,夜间棚内温度控制在 13 ℃以上,20 ℃以下。缓苗后浇水一次缓苗水,水要浇足,以后如土壤墒情良好时开花坐果前不再浇水,如确实干旱,可在瓜蔓长 30 ~ 40 厘米时再浇一次小水。为促进西瓜营养面积迅速形成,在伸蔓初结合浇水缓苗水每亩追施效氮肥(N)5 千克,施肥时在瓜沟一侧离瓜根 10 厘米远处开沟或挖穴施入。

#### 9.2.2 整枝

早熟品种一般采用单蔓或双蔓整枝,中、晚熟一般采用双蔓或三蔓整枝,也可采用稀植多蔓整枝。双蔓整枝指一主一副,即除主蔓外在基部选一健壮侧蔓,其余侧枝全部摘除;三蔓整枝指一主两副,除主蔓外在基部选留两条健壮侧蔓,其余全部摘除。坐果后一般停止整枝打枝工作。

### 9.3 开花坐果期管理

#### 9.3.1 温、水、肥管理

采用全覆盖栽培时,开花坐果植株仍在棚内生长,白天温度要求保持在 30 ℃左右,夜间不低于 15 ℃,否则将坐果不良,不追肥,严格控制浇水。在土壤墒情差到影响坐果时,可浇小水。

#### 9.3.2 人工辅助授粉

每天上午 9 时以前用雄花的花粉涂抹在雌花的柱头上进行人工

辅助授粉。

### 9.3.3　其他管理

待幼果生长至鸡蛋大小，开始褪毛时，进行选留果，一般选留主蔓第二或第三雌花坐果，采用单蔓、双蔓、三蔓整枝时，每株只留一个果，采用多蔓整枝时，一株可留两个或多个果。

## 9.4　果实膨大期和成熟期管理

### 9.4.1　温、水、肥管理

采用全覆盖栽培时，此时外界气温已较高，要适时放风降温，把棚内气温控制在 35 ℃以下，但夜间温度不得低于 18 ℃。在幼果鸡蛋大小开始褪毛时浇第一次水，此后当土壤表面早晨潮湿、中午发干时再浇一次水，如此连浇 2～3 次水，每次浇水一定要浇足，当果实定个（停止徒长）后停止浇水。结合浇第一次水追施膨瓜肥，以速效化肥为主，每亩的施肥量为氮肥 5 千克，磷肥（$P_2O_5$）2.7 千克，钾肥（$K_2O$）5 千克，化肥以随浇水冲施为主，尽量避免伤及西瓜的叶。

### 9.4.2　其他管理

在幼果拳头大小时将幼果果柄顺直，然后在幼果下面垫上麦秸、稻草，或将幼果下面的土壤拍成斜坡形，把幼果摆在斜坡上。果实停止生长后要进行翻瓜，翻瓜要在下午进行，顺一个方向翻，每次的翻转角度不超 30°，每个瓜翻 2～3 次即可。

## 10　病虫害防治

病害以猝倒病、炭疽病、枯萎病、病毒病为主；虫害以蚜虫和夜蛾为主。

## 10.1　农业防治

10.1.1　选用抗病虫品种，实行轮作和加强排水，以增强植株长势。

10.1.2　重茬种植时采用嫁接栽培或选用抗枯萎病品种，可有效防止枯萎病的发生，酸性土壤中施入石灰，将 pH 达到 6.5 以上，可有效抑制枯萎病的发生。

10.1.3 春季彻底清除瓜田内和四周的紫花地丁、车前杂草，消灭越冬虫卵，减少虫源基数，可减轻瓜蚜危害。

10.1.4 叶面喷施 0.2％磷酸二氢钾溶液，可以增强植株对病毒病的抗病性。

## 10.2 物理防治

10.2.1 糖酒液和频振诱虫灯诱杀害虫

10.2.2 应用银灰色地膜覆盖和防虫网隔离，控制病虫为害

## 10.3 生物防治

利用瓢虫等天敌迁入瓜田捕食蚜虫，以菌除虫如苏云金杆菌（Bt）防治菜青虫等害虫。

## 10.4 化学防治

10.4.1 禁止使用六六六，滴滴涕，毒杀芬，二溴氯丙烷，除草醚，艾试剂，狄试剂，汞制剂，砷、硒类，敌枯双，氟乙酰胺，甘氟，毒鼠强，氟乙酸钠毒鼠硅，甲胺磷，甲基对硫磷，对硫磷，久效磷，磷胺，甲拌磷，甲基异硫磷，特丁硫磷，治螟磷，内吸磷，克百威，涕灭威，灭线磷，硫环磷，蝇毒磷，地虫硫磷，苯线磷，乐果，水胺硫磷等 35 个高毒高残留农药品种。

10.4.2 使用化学农药时，应执行 GB 4285 和 GB/8321（所有部分）的相关规定农药混剂的安全间隔期执行其中残留性最大的有效成分的安全间隔期。

10.4.3 合理混用、轮换交替使用不同作用机制或具有负交互抗性的药剂，推荐药剂防治如下：对立枯病、猝倒病用 64％杀毒矾 500 倍液防治；对病毒病用 20％"病毒 A"粉剂 500 倍液；对枯萎病用 40％瓜枯宁 600 倍或 70％敌克松（600～800）倍液灌根；炭疽病用 10％世高 1 500 倍液；对蚜虫用 20％一遍净 2 000 倍液防治，对夜蛾用 20％米满 F 胶悬剂 1 000 倍液＋快杀灵 2 号 1 000 倍液或 5％抑太保 1 000～1 500 倍液防治。

## 11 采收

覆盖栽培果实发育期气温较低，无论中型瓜或小型瓜头茬采收

期需 40 天左右。在适宜的温度条件，从雌花至果实成熟只需22～25 天。果实的成熟度可根据开花后天数推算，并可剖瓜确定。适度成熟并及时采收，提前采收严重影响品质。采收时用剪刀将果柄从基部剪断，每个果保留一段绿色的果柄。

# 无公害山地辣椒生产技术规程

## 1 范围

本标准规定了山地辣椒无公害生产的产地环境质量要求和生产技术措施。

本标准适用于文成县无公害山地辣椒的生产操作规程。

## 2 规范性引用文件

下列文件对于本文件的应用是必不可少的。凡是注日期的引用文件，仅所注日期的版本适用于本文件。凡是不注日期的引用文件，其最新版本（包括所有的修改单）适用于本文件。

GB 4285 农药安全使用标准

GB/T 18407.1 农产品安全质量 无公害蔬菜产地环境要求

GB 16715.3 瓜菜作物种子茄果类

GB/T 17980.32 农药田间药效试验准则（一）杀菌剂防治辣椒疫病

NY/T 496 肥料合理使用准则通则

DB330328/T 06 无公害蔬菜生产技术规程

## 3 山地辣椒无公害生产产地环境的选择

山地辣椒无公害生产产地环境质量必须符合 GB/T 18407.1《农产品安全质量 无公害蔬菜产地环境要求》。

## 4 山地辣椒无公害生产技术措施

### 4.1 品种选择

宜选择高产、优质、抗病而且适销对路的优良品种，如海丰28号、阳光10号、胜利大椒等

## 4.2 地块选择

宜选择土层深厚、土壤肥沃、排水良好、2～3年内未种过茄科作物（番茄、茄子、辣椒、马铃薯）的旱地或水田，不宜选择冷水田或低湿地。

## 4.3 培育壮苗

### 4.3.1 种子处理

种子应符合GB 1316715.3的规定。

常采用晒种，温水浸种，催芽等方法。

晒种：种子播前在太阳下晒1～2天，可提高种子的发芽势，使种子出芽一致。

浸种：用清水将种子浸1～2小时，放入55℃热水中，不断搅拌，保持恒温15分钟，然后让水温降到30℃后浸种1小时。

催芽：将种子用纱布包好，放入塑料袋中，包在人体的腰部，催芽4～5天，当种子有60%～70%露白时播种。

### 4.3.2 苗床准备

选择避风向阳、地势高燥、土壤肥沃、排水良好、2～3年内未种过茄类作物的地块作苗床。结合整地，每亩苗床施入腐熟人粪肥1 500千克，过磷酸钙50千克，焦木灰750千克，做成畦宽1.2～1.3米的高畦，沟深30厘米、宽40厘米，将畦面耙平，覆盖一层细焦泥灰，播前一天浇透水。

### 4.3.3 适时播种

播种期：一般3～4月为宜。

播种量：每亩大田需用种20～50克，苗床6～8米$^2$，假植苗床35～50米$^2$。

播种：将催好芽的种子用砂拌匀，均匀地撒播在苗床上，用木板或其他工具轻压苗床，洒适量水后覆盖0.5厘米左右的营养细土，再铺上稀疏稻草，并盖上地膜，搭好塑料小拱棚保温保湿。

### 4.3.4 苗期管理

掀膜：当种子顶出土层时，掀掉薄膜和稻草。

通风：当辣椒苗出土后要视天气情况在小拱棚两头或中间卷膜通风降温，白天温度控制在 20～25 ℃，夜间 15～20 ℃。

炼苗：在分苗前 2～3 天要加强通风降温炼苗。在定植前一周开始要逐渐降温炼苗，并在定植前 2～3 天，晚上不盖薄膜。

分苗：当幼苗二叶一心时选择冷尾暖头，无风晴天，带土起苗，移栽到营养钵或塑料袋中，苗间距 10 厘米，随后浇点根水，搭小拱棚覆盖薄膜密封缓苗。在缓苗后白天要加强通风，降低苗床温度与湿度，防止高温伤苗，采取日揭夜盖，勤揭勤盖。在雨天要进行薄膜覆盖，防止雨淋与受冻。

水分：注意不宜勤浇水，防止苗床水分过多，引发病害，当营养钵或表土见白时，才可浇水。

施肥：一般用腐熟的淡粪水追肥 2～3 次，促进幼苗多发新根，生长健壮，定植后成活快，开花结果早。

### 4.3.5　壮苗标准

苗龄为 30～50 天，生长势强，株高 10～25 厘米；根色白而粗壮，须根多，根茎处粗 0.5 厘米；叶片 10～12 片，子叶不脱落，叶色深绿而有光泽；无病虫害，带有花蕾。

## 4.4　整地做畦

### 4.4.1　冬耕晒土

冬闲田块冬耕翻土，在自然条件下，冷冻暴晒，促使土壤熟化，改善土壤通透性，活化有益微生物，增加土壤肥力。待开春后结合烧灰积肥再耕耙 1 次。

### 4.4.2　开沟做畦

辣椒栽培宜深沟高畦，移栽前 1 个月整地做畦。一般按畦面宽 80～90 厘米，龟背形，畦沟宽 30～40 厘米，深 20～30 厘米做畦。做畦要达到壁沟、腰沟、畦沟三沟互通，做到能排能灌。

### 4.4.3　施足基肥

做畦前中间开深沟，将栏肥等有机肥料一次性施入畦中，一般每亩施用有机肥 3 000～5 000 千克，配合施用复合肥 20～30 千克，或用尿素 25 千克或碳酸氢氨 50 千克加硫酸钾 20～30 千克，然后覆土做畦。畦用地膜覆盖，以免长草和肥量流失。定植前开穴，亩穴施焦泥灰 2 000～3 000 千克拌钙镁磷肥 30～40 千克。

## 4.5　合理密植

### 4.5.1　适时定植

一般平均气温稳定 15 ℃以上时，选择晴天无风天气带土带药定植。移栽前 1～2 天，辣椒苗用 65% 代森锌 500 倍或 50% 多菌灵 1 000 倍液，加 40% 乐果 1 500 倍液喷雾，使幼苗带药带土到田。

### 4.5.2　合理密植

一般每亩栽植 2 000～3 500 株，每畦栽二行。行距 50～60 厘米，株距 35～45 厘米（但具体密度还因品种及土壤肥力而异）。如畦用地膜覆盖的，应先把靠穴的地膜弄破，将焦泥灰与土壤充分拌匀后定植。栽植深度以子叶痕刚露出土面为宜。

### 4.5.3　定植施肥

定植后立即浇灌腐熟的 10% 人粪尿或 0.1%～0.2% 尿素加 800 倍敌百虫药液点根，使幼苗根系与土壤充分密接，促进早缓苗，并防止地下害虫为害。

## 4.6　田间管理

### 4.6.1　中耕除草

定植 10～15 天后，无地膜覆盖的选择晴天进行第一次中耕除草。在植株生长封垄前，进行第二次中耕除草。为避免伤根系，植株附近的杂草用手拔除，并清理沟土，向植株茎部附近培土。

### 4.6.2　畦面铺草

在梅雨季节过后，高温干旱来临之前，或第二次中耕除草培土后，畦面铺青草或稻草、麦秆等，具有降温、保肥、保湿、防雨、防止水土流失、保持土壤疏松、促进根系生长、有效控制杂草生长等作用。

### 4.6.3　植株调整

#### 4.6.3.1　及时整枝

辣椒第一花节（门椒）以下各叶节均能发生侧枝，但多根侧枝同时生长和开花结果，植株营养分散，通风透光差，会引起落花落果多，果实发育差。因此在门椒座果后，把第一花节（门椒）以下的所有枝条和叶子选择晴天，及时剪除，减少养分损耗，使植株养分集中供应主茎生长，逐级发生侧花枝，提高结果率，促进果实发育，达到果实个大，商品性好，产量高。

### 4.6.3.2　及时搭架

为了防止高山辣椒植株倒伏，影响产量。除做好培土外，还要进行立支柱或搭简易支架。即用长 50 厘米左右的小竹竿或竹片或小木棍，在离植株约 10 厘米处插一根，或在畦面的两侧用小竹竿或小木棍搭简易棚形支架，高 40～50 厘米，然后用塑料绳，以∞形把植株主杆绑在立柱或支架上。

### 4.6.4　适时追肥

### 4.6.4.1　提苗肥

移栽后 5～7 天每亩用人粪肥 250 千克或尿素 3～5 千克加水施用。

### 4.6.4.2　催果肥

门椒开始膨大时施用，每亩施氮、磷、钾含量各 15％的复合肥 5～10 千克。

### 4.6.4.3　盛果期追肥

第一果即将采收，第二、三果膨大时施给，盛果期是重点追肥时期，每亩施尿素 10～15 千克或复合肥 15～20 千克。以后每采摘一批青果或隔 7～10 天施一次肥，每次每亩施复合肥 7.5～10 千克或尿素 10 千克。

### 4.6.4.4　施肥方法

根系施肥和根外施肥。

### 4.6.5　排水灌水

### 4.6.5.1　排水

辣椒根系不发达，对氧气需求高，如遇梅雨季节，应注意清沟排水，降低地下水位，以利根系生长。

#### 4.6.5.2 灌水

遇干旱天气，以免影响植株的生长和果实膨大，要及时浇灌或喷灌，保持土壤湿润，有利于防止脐腐病发生。灌水应在傍晚或晚上进行，随灌随排，不能长时间积水。

### 4.6.6 避雨防风

#### 4.6.6.1 避雨

有条件的地方辣椒栽培可提倡地膜覆盖与大棚顶膜覆盖避雨栽培，防止雨水直接冲淋畦面与植株，减轻病害。

#### 4.6.6.2 防风

一是可用2根～3根木棒植株固定防风；二是有条件的地方可覆盖大棚膜密封、小拱棚膜密封防风，台风过后及时撩起围裙膜进行通风，不仅能有效防止植株倒伏受伤，而且能有效地防止因土壤湿度过大和透气不良而沤根，同时能减轻病虫为害；三是可在畦四周围栅栏防风；四是在畦面的两侧用小竹竿或小木棍搭简易棚形支架，然后用塑料绳，以∞形围绕植株防风。

### 4.6.7 延后栽培

有条件的地方在秋冬季气温下降后，利用避雨防风栽培的设施能有效延长采收期，提高辣椒产量和效益。

## 4.7 病虫防治

### 4.7.1 防治原则

预防为主，综合防治。结合农事操作，及时检查病虫发生动态，掌握发病中心。以农业防治为基础，根据病虫发生情况，因时、因地制宜，合理运用生物防治、物理机械防治、化学防治等措施，推广使用高效、低毒、低残留农药，在晴天稀释喷雾。一般在上午10时前，下午3时后喷药较为适宜。

### 4.7.2 清洁田园

生产过程中要保持田园清洁，及时摘除病枝、残叶，带出田外深埋或烧毁，减少传播源。及时铲除田园、田埂、田后墙杂草，并集中处理。

### 4.7.3 物理防治

利用性诱捕器、黄板、频振式杀虫灯诱杀成虫。

### 4.7.4 化学防治

我县辣椒病虫害主要有辣椒疫病、辣椒菌核病、辣椒灰霉病、辣椒病毒病、螨类、蚜虫、斜纹夜蛾等。

#### 4.7.4.1 辣椒疫病

前期掌握在发病前，喷洒植株茎基和地表，防止初侵染；进入生长中后期以田间喷雾为主，防止再侵染；田间发现中心病株后，须抓准时机，喷洒与浇灌并举。及时喷洒和浇灌 70%乙磷·锰锌可湿性粉剂 500 倍液、72.2%普力克水剂 600～800 倍液，或 58%甲霜灵·锰锌可湿性粉剂 400～500 倍液，64%杀毒矾可湿性粉剂 500 倍液。此外，于夏季高温雨季浇水前亩撒 96%以上的硫酸铜 3 千克，后浇水，防效明显。

#### 4.7.4.2 辣椒菌核病

发病后喷洒 20%甲基立枯磷乳剂 1 000 倍液，或 50%多菌灵或 50%甲基硫菌灵可湿性粉剂 500 倍液、50%乙烯菌核可湿性粉剂 1 000 倍液、50%乙·扑可湿性粉剂 800 倍液，隔 10 天左右 1 次，连续防治 2～3 次。

#### 4.7.4.3 辣椒灰霉病

可选 40%施佳乐悬浮剂 800～1 000 倍液；50%速克灵可湿性粉剂 800～1 000 倍液；50%乙烯菌核可湿性粉剂 1 000 倍液；50%扑海因可湿性粉剂 1 000 倍液。

#### 4.7.4.4 辣椒病毒病

喷洒 NS - 83 增抗剂 100 倍液，或 8%菌克毒克 1 000 倍或 20%病毒 A 可湿性粉剂 500 倍液，1.5%植病灵 II 号乳剂 1 000 倍液，隔 10 天左右 1 次，连续防治 3～4 次。

#### 4.7.4.5 辣椒螨类

可用 34%螨虫立克乳油 2 000～2 500 倍液、48%乐斯本 1 000 倍液、10%除尽 3 000 倍液或 1.8%阿维菌素（齐螨素、新科等）

3 000倍液进行防治。注意，生产无公害蔬菜防治螨虫时不能使用三氯杀螨醇。

#### 4.7.4.6 蚜虫

10％吡虫啉可湿性粉剂 20 克/亩、5％抗蚜威可湿性粉剂 20 克/亩。

#### 4.7.4.7 斜纹夜蛾

24％米满悬浮剂 1 500 倍液、10％除尽胶悬剂 1 500 倍液、15％安打胶悬剂 3 000～4 000 倍液喷雾。

## 5 适时采收

根据市场或企业要求标准及时采收，一般在上午露水干后或傍晚采摘较好。采后的果实要放在阴凉处，摊开散热，防止太阳晒。要及时整理运往市场销售，不能惜价待售。

# 无公害蔬菜大棚茄子生产技术规程

## 1 范围

本标准规定无公害蔬菜大棚茄子的产地环境质量要求和生产技术措施。

本标准适用于文成县无公害蔬菜大棚茄子的生产。

## 2 规范性引用文件

下列文件对于本文件的应用是必不可少的。凡是注日期的引用文件，仅所注日期的版本适用于本文件。凡是不注日期的引用文件，其最新版本（包括所有的修改单）适用于本文件。

GB/T 18407.1 农产品安全质量 无公害蔬菜产地环境要求

DB 330 328/T 06 无公害蔬菜生产技术规程

## 3 无公害蔬菜大棚茄子产地环境的选择

无公害蔬菜大棚茄子产地环境质量必须符合 GB/T 18407.1 农产品安全质量 无公害蔬菜产地环境要求。

## 4 茄子栽培技术

### 4.1 育苗技术

#### 4.1.1 品种选择

宜选用高产、优质、早熟的杭茄 1 号、杭丰 1 号、引茄 1 号、浙茄 1 号等杂交种。

#### 4.1.2 种子处理

##### 4.1.2.1 温汤浸种

先用清水漂去瘪粒，然后用 55～58 ℃温水浸泡种子 15 分钟，边浸边搅拌。水温不够，加注热水，15 分钟后，水温自然降至 37 ℃时停止搅拌，然后浸种 8～12 小时。捞出后搓掉种子上的黏液，再用清水冲净，然后催芽。

#### 4.1.2.2　药剂处理

选用 50%多菌灵可湿性粉剂 1 000 倍液、0.2%高锰酸钾浸种 10～15 分，或 40%福尔马林 100 倍液浸种 30 分钟。药液面应高于种子 3～5 厘米，药液浓度和浸泡时间必须严格掌握。浸种后，反复用清水冲洗，然后进行催芽。

#### 4.1.2.3　变温催芽

浸种后将种子掏洗干净、晾干，装入湿毛巾或湿麻袋中，再盖上蒸煮过的湿毛巾，放在 25～30 ℃条件下催芽 8 小时，20 ℃条件下催芽 16 小时。种子萌芽前，每天翻动 2～3 次。若发现种子发黏，立即用 20～25 ℃的温水清洗，但清洗次数不可过多。一般 4～5 天出齐苗。

#### 4.1.3　适时播种，育壮苗

应选择土地肥沃疏松，3 年来未种过茄科作物的田块。茄子应在 9 月上旬播种，每公顷大田播种量为 300 克，播后覆盖地膜；10 月中旬用装肥土的塑料袋假植，每袋内营养土折合每公顷用磷肥 945 千克、栏肥 1.08 万千克、过磷酸钙 135 千克拌泥，平均装 1 800～2 000 袋，每袋中央栽苗 1 株，并用小拱棚保温、防冻。

### 4.2　深沟高畦，合理密植

在宽 6 米、长 30 米的塑料大棚内整地，做四畦，每畦宽 1.2 米，沟宽 0.25～0.3 米，沟深 0.3 米。10 月底至 11 月上旬用地膜覆盖畦面，在地膜上挖洞定植。株行距为（40～50）×（60～70）厘米，每畦栽 2 行，每公顷栽 2.7 万～3.0 万株。定植后压紧穴口四周地膜。

### 4.3　肥水管理

基肥要施足，并以农家肥为主。苗床在施肥前应该用 50%多菌灵 800 倍喷洒消毒，然后施腐熟的栏肥、人粪尿及磷肥 750 千克/公顷后翻耕，平整地，一天后撒播种子，上盖一层 0.5 厘米厚的焦泥灰，再覆盖地膜。每公顷大田施腐熟栏肥 4.5 万千克、磷肥

675 千克或过磷酸钙 675 千克、三元复合肥 81 千克、尿素 675 千克加人粪尿，在畦中央开沟深施。由于基肥用量较多，所以追肥可以不要或用尿素追施 2 次就可。开好深沟，以防积水。同时由于冬季天气晴燥，应根据大棚内表土发白程度，结合追肥，进行浇水。

## 4.4　及时通风换气

要根据天气变化，及时通风换气。晴天温度高时及时揭膜通风降温，防止烧苗、徒长及病虫害；低温时要及时盖好塑料薄膜防冻，防止败苗、僵苗。4 月中下旬揭掉大棚四周塑料薄膜围裙，仅留顶膜。从 3 月初至 4 月中旬，遇到晴天或阴晴交替的天气时，大棚内外温差大，上午要推迟到 9 时半后揭膜，让棚内贮住日间阳光照射时蓄积的热量，以利茄子生长。相反，如遇到连续阴天或阴雨交替天气时，棚内外温差小，上午应适当提前到 8 时左右揭膜，下午也应适当延迟个把小时关膜，以增长大棚内外气体对流时间，有助于茄株生长。

## 4.5　应用激素保花、保果

从茄子初花期开始，一般要用 2,4 - D 水剂点花，方法是每毫升对水 0.3～0.6 千克，点花 10～12 次，可明显提高茄子坐果率，并加速果实膨大。自 3 月上中旬至 5 月中下旬，配合田间管理，随时除去植株基部过多分枝和病、残、老叶片，以增强大棚内气体的流通，减轻病虫的危害。

## 4.6　综合防治病虫害

### 4.6.1　防治原则

以防为主，及时防治。结合农事操作，及时检查病虫发生动态，掌握发病中心。以农业防治为基础，根据病虫发生情况，因时、因地制宜，合理运用生物防治、物理机械防治、化学防治等措施，推广使用高效、低毒、低残留农药，在晴天稀释喷雾。一般在上午 10 时前、下午 3 时后喷药较为适宜。

### 4.6.2　清洁田园

生产过程中要保持田园清洁，及时摘除病枝、残叶，带出田外深埋或烧毁，减少传播源。及时铲除田园、田埂、田后墙杂草，并集中处理。

### 4.6.3 物理防治

**4.6.3.1** 利用防虫网纱、遮阳网等各种功能膜降温、抑虫、除草。

**4.6.3.2** 利用黄板、频振式杀虫灯诱杀成虫。

### 4.6.4 化学防治

茄子主要有猝倒病、立枯病、绵疫病、灰霉病、白粉病、青枯病和褐纹病等病害；有红蜘蛛、茶黄螨、蓟马等害虫。

**4.6.4.1 猝倒病**

一般用64％杀毒矾可湿性粉剂800倍液防治。

**4.6.4.2 立枯病、绵疫病、褐纹病**

一般用75％百菌清可湿性粉剂1 000倍液防治。

**4.6.4.3 灰霉病**

一般用50％乙烯菌核可湿性粉剂1 000倍液、50％速克灵可湿性粉剂800～1 000倍液、50％扑海因可湿性粉剂1 000～1 500倍液防治，或10％速克灵烟剂250克/亩熏蒸防治。

**4.6.4.4 白粉病**

一般可用保护剂如50％硫磺悬浮剂500倍液、30％特富灵可湿性粉剂1 500～2 000倍液、75％百菌清可湿性粉剂1 000倍液、70％代森锰锌可湿性粉剂500～600倍液、80％大生可湿性粉剂600倍液来预防。在使用时，防治时间要早，在已经发病后防治，应选用具有内吸作用的杀菌剂：一般可选用具有内吸性杀菌剂如15％粉锈宁可湿性粉剂1 000～1 500倍液、10％世高水分散性颗粒剂1 500～2 000倍液、40％福星乳油4 000～5 000倍液、62.25％仙生可湿性粉剂600～800倍液、70％甲基硫菌灵可湿性粉剂1 000倍液喷雾防治。

**4.6.4.5 早疫病**

一般用78％科博可湿性粉剂500倍液防治。

**4.6.4.6 红蜘蛛**

一般用40％乐果乳油1 000倍液防治。

### 4.6.4.7  茶黄螨

由于茶黄螨繁殖快，蔓延迅速，对棚室茄子要仔细观察，尤其是在植株现蕾到盛花果期这段时间更应注意，发现后要立即喷药。喷药时重点喷植株上部的嫩叶背面、嫩茎、花器和幼果。一般可用73％克螨特乳油2 000倍液、80％敌敌畏乳油1 000～1 500倍液（收获前7～10天停止使用）等药剂喷雾防治。每隔7天喷1次，连喷3次。

### 4.6.4.8  蓟马

一般用1.0％7 501杀虫素（灭虫灵）乳油2 500～3 000倍液。

## 4.7  冬春季加温防冻措施

在冬春季遇霜冻和下雪等气温较低的天气，应加强保温、升温工作，严防茄株冻伤、冻死，达到稳产、高产。一般在气温低于3℃时可在大棚膜外增加顶膜与围裙，大棚口加挂稻草帘，在棚内套小拱棚，在大棚内点蜡烛、挂浴室取暖灯等措施，有效地提高棚内温度，以保证茄子安全过冬。

# 5  适时采收

采收要掌握"宁早勿迟、宁嫩勿老"的原则。一般在开花后25～30天，当茄子的"茄眼"不明显，果实呈本品种应有的光泽，手握柔软有黏着感时采收。从12月中旬开始采收，一直可陆续采收到6月下旬。采收后在24小时内上市销售。

# 无公害蔬菜生产技术规程

## 1 范围

本标准规定无公害蔬菜的定义、产地环境的选择、病虫害综合治理技术和肥料的使用技术等要求。

本标准适用于无公害蔬菜的生产。

## 2 规范性引用文件

下列文件对于本文件的应用是必不可少的。凡是注日期的引用文件，仅所注日期的版本适用于本文件。凡是不注日期的引用文件，其最新版本（包括所有的修改单）适用于本文件。

GB 4285 农药安全使用标准

GB/T 8321.1 农药合理使用准则（一）

GB/T 8321.2 农药合理使用准则（二）

GB/T 8321.3 农药合理使用准则（三）

GB/T 8321.4 农药合理使用准则（四）

GB/T 8321.5 农药合理使用准则（五）

GB/T 8321.6 农药合理使用准则（六）

GB 18406.1 农产品安全质量 无公害蔬菜安全要求

GB/T 18407.1 农产品安全质量 无公害蔬菜产地环境要求

## 3 术语和定义

下列术语和定义适用于本标准。

### 3.1 无公害蔬菜

指在生态环境质量符合国家标准 GB/T 18407.1《农产品安全质量 无公害蔬菜产地环境要求》，按照本标准生产，蔬菜中有毒有害物质控制在国家标准 GB 18406.1《农产品安全质量 无公害蔬菜安全要求》限量范围内的商品蔬菜。

## 3.2 农药

是指用于预防、消灭或控制危害农业、林业的病、虫、草和其他有害生物以及有目的地调节植物、昆虫生长的化学合成或来源于生物、其他天然物质的一种物质或者几种物质的混合物及其制剂。

## 3.3 安全间隔期

是指在作物上最后一次施用农药（二种或二种以上的农药则单独计）至采收可安全食用所需间隔的天数。

## 3.4 农药残留

是指残留在蔬菜中的微量农药亲体及其有毒的代谢物、降解物和杂质的总称。

## 3.5 生物农药

指直接利用生物活体或生物代谢过程中产生的具有生物活性的物质或从生物体提取的物质为防治病虫草害的农药。

## 3.6 有机合成农药

由人工研制合成，通过有机化学工业生产的商品化的一类农药，包括杀虫剂、杀螨剂、杀菌剂、除草剂、生长调节剂、杀鼠剂等。

## 3.7 有害生物

指由于数量多而能使人类、家养动物或栽培作物遭受损害的生物。

## 3.8 农家肥料

系指自行就地取材、就地使用的重金属、有害病原微生物符合标准的各种有机肥料，它由含有大量生物物质、动植物残体、排泄物、生物废物等积制而成。

## 3.9 商品肥料

系国家肥料管理部门管理，以商品形式出售的肥料。

## 3.10 无公害蔬菜生产资料

指经专门机构认定，符合无公害蔬菜生产要求，并正式推荐用于无公害蔬菜生产的生产资料。

## 4 产地环境的选择

4.1 无公害蔬菜产地应选择不受污染源影响或污染物含量限制在允许范围之内，生态环境良好的农业生产区域。

4.2 土壤重金属背景值高的地区，与土壤、水源环境有关的地方病高发区不能作为无公害蔬菜产地。

4.3 无公害蔬菜生产地环境质量必须符合国家标准 GB/T 18407.1—2001 农产品安全质量 无公害蔬菜产地环境要求。

## 5 病虫害综合治理技术

### 5.1 农业防治

通过选用抗、耐病虫品种，加强栽培管理，建立间作、轮作制度，合理布局茬口，提倡水旱轮作和反季节栽培等农艺措施。

#### 5.1.1 因地制宜选用优质高产、抗病虫品种。

#### 5.1.2 种子处理和苗床消毒

播种前采用温汤浸种消毒，或药剂拌种等。育苗场地应与生产地隔离，防止生产地病虫传入。育苗前苗床彻底清除枯枝残叶和杂草，在高温季节利用太阳曝晒或药剂进行土壤消毒。

#### 5.1.3 除草剂使用

播前土壤喷足水分后，选用丁草胺或精稳杀得等除草剂处理。

#### 5.1.4 适时播种，培育壮苗

根据本地气象条件和蔬菜品种特性，选择适宜的播期。可采用营养钵育苗，营养土要用无病土，同时混施适量的高温腐熟的有机肥。加强育苗管理，及时处理病虫害，最后淘汰病苗，选用无病虫壮苗移植。移栽前进行炼苗，增强抗病力。

#### 5.1.5 轮作倒茬

蔬菜连作是引发和加重病虫为害的一个重要原因，在生产中按不同的蔬菜种类、品种实行有计划轮作，是减少土壤病原积累，减少为害的有效技术措施。

### 5.1.6 精心管理，改善菜地生态环境

根据不同作物合理密植。大棚蔬菜应控制好温湿度，适时中耕除草，合理肥水管理，适时采收。

### 5.1.7 清洁田园

生产过程中要及时摘除病枝、残叶、病果，带出田外深埋或烧毁，减少传播源。采收后及时清除田间废弃地膜、秸秆、病株、残叶，同时清除田园、田埂、田后墙杂草，并集中处理。

## 5.2 物理防治

### 5.2.1 利用害虫对颜色的趋性进行诱杀

田间悬挂黄色粘虫胶纸（板），可防治蚜虫、白粉虱、美洲斑潜蝇等害虫；蓝色胶板可防治棕榈蓟马。

### 5.2.2 冬季利用无纺布、地膜、多层膜覆盖保温；夏季利用防虫网、遮阳网等各种功能膜防病、抑虫、除草。

#### 5.2.2.1 钢管大棚和毛竹大棚须采用相对规范的棚型，大棚搭建应南北向延伸；大棚薄膜应选用功能性复合膜，新膜透光率不低于88％；应采用黑色或黑白双色地膜，以减少除草剂使用。

#### 5.2.2.2 防虫网隔离技术

夏秋叶菜采用防虫网隔离，能有效地控制十字花科病虫为害，其主要技术要点为：

a）在网纱隔离前须清除田间杂草，枯枝残叶，有条件进行漫灌，以清除残留虫源（病源）。

b）翻晒土地，可以杀死部分地下害虫。

c）在播种或移栽前用乐斯本等处理土壤，防治地下害虫和蝗虫等。

d）直播小白菜、小青菜不宜采用小拱棚防虫网覆盖，由于播种密度太大，易引发病害，宜采用大、中棚覆盖，且播种密度不宜太高。

e）在防虫网隔离期间，尽量少揭网，以免成虫飞入，也密切注意及时清除产在网纱上的卵块，以免卵孵化后低龄幼虫钻入

网内。

f) 使用的网纱目数应根据具体情况而定，太密，不宜通风，太疏，小虫容易进入，一般以 20～30 目为宜，颜色以白色为宜。

### 5.2.2.3 地膜覆盖防治技术

用塑料薄膜覆盖地面，其原理是切断棕榈蓟马入土化蛹虫源，阻止羽化成虫出土。

### 5.2.3 人工捕杀

利用害虫对某些物质的趋性、假死性等特性诱杀。如分别用斜纹夜蛾、甜菜夜蛾、小菜蛾等三种性信息素引诱雄蛾，对三种害虫种群动态、蛾量监测、预测预报和控制群数量，减少田间施药次数有明显作用；用糖醋液诱杀菜粉蝶、甘蓝夜蛾成虫，效果比较好；可在茄子周围用马铃薯诱杀瓢虫；可堆放梧桐叶诱杀地下害虫。

### 5.2.4 利用害虫趋光性诱杀

用白炽灯、频振式诱虫灯诱杀斜纹夜蛾、甜菜夜蛾等害虫。频振式杀虫灯运用光、色、味（性信息素）诱灭方式杀灭害虫，灯的黄色外壳和味（性引诱剂）相结合，引诱害虫扑灯，灯外配以频振高压电网触杀，达到杀灭成虫、降低田间落卵量，压缩害虫基数，控制其为害蔬菜目的。

### 5.2.5 利用热能进行防治

晒种、温汤浸种等高温处理种子，高温灭杀土壤中的病虫，高温闷棚抑制病情。如 35～40 ℃高温闷棚（午后 2 小时左右）可控制黄瓜霜霉病蔓延。

### 5.3 生物防治

### 5.3.1 利用微生物农药，苏云金杆菌（Bt）等细菌，达到以菌除虫、以病毒除虫等目的。

### 5.3.1.1 以菌除虫

目前世界各国普通应用苏云金杆菌，即 Bt 制剂防治为害十字花科叶菜类的菜青虫、小菜蛾、菜螟、银纹夜蛾等重要害虫。

## 5.3.1.2 利用农用抗菌素防病虫

近几年来，农用抗菌素类农药有很大发展，如农抗 120、武夷菌素防治白粉病、炭疽病、叶霉病；农抗 751、菜丰宁等防治白菜软腐病；农用链霉素、新植霉素防治细菌性病害。阿维菌素、依维菌素是近几年来广泛应用于防治红蜘蛛、茶黄螨、斑潜蝇、小菜蛾、菜青虫等茄瓜类、叶菜类重要害虫。国内类似产品有虫螨光、7051、齐螨素、阿巴丁等，是具有高效低毒的理想农药。菜喜防治小菜蛾、甜菜夜蛾、斑潜蝇、蓟马等效果较好。

## 5.3.2 利用天敌保护作用

菜地栽培作物种类多，病虫害复杂，各种捕食性天敌和寄生性天敌十分活跃，由于长期大量使用有机磷、拟除虫菊酯类等广谱性杀虫剂，天敌数量逐年减少，寄生率下降，害虫猖獗。因此尽可能地降低用药量、减少用药次数，避免使用对天敌杀伤力大的农药，科学用药是保护天敌，提高其自然控制能力的重要途径。

## 5.3.3 利用昆虫生长调节剂和特异性农药

这一类农药并非直接"杀伤"作用，而是扰乱昆虫的生长发育和新陈代谢作用，使害虫缓慢而死，并影响下一代繁殖。因此这类农药对人畜毒性很低，对天敌影响小，环境相容性好，是 21 世纪将继续发展的农药。其中已大量推广使用或正在推广的品种有抑太保、扑虱灵、卡死克、米螨、虫螨腈（除尽）等。

## 5.4 化学防治

### 5.4.1 科学规范地使用农药

根据蔬菜有害生物发生实际对症用药，因防治对象、农药性能以及抗药性程度不同而选择最合适的农药品种，能挑治的不普治。选用合理的施药器械，适时适量施用农药，采用正确的施药方法，轮换使用、合理混用、安全使用农药，尽量减少农药使用次数和用药量，减少对蔬菜和环境的污染。特别要注意，喷雾要均匀，雾点要细，植株上下、叶面叶背均要喷到。棚内喷药后，应适当通风，待药液稍干后再保温。抓好施药后的避害措施：一是彻底清洗喷雾器;二是妥善处理喷雾余液等。

**5.4.2** 优先使用生物类和昆虫生长调节剂类农药,如 Bt 乳剂、阿维菌素和抑太保等。

**5.4.3** 有限度地使用部份高效低毒低残留的化学农药,其选用品种、使用浓度、使用次数、使用方法和安全间隔期,应按 GB/T 8321 系列《农药合理使用准则》的要求执行。

**5.4.4** 文成县蔬菜产地允许使用的高效低毒低残留农药,见附表 1。

附表 1 文成县无公害蔬菜农药安全使用标准

| 序号 | 农药名称 | 剂 型 | 每亩常用药量或稀释倍数 | 最多使用次数(次) | 安全间隔期(天) |
|---|---|---|---|---|---|
| 1 | 敌敌畏 | 80%EC | 100~200 克 | 3 | 7 |
| 2 | 敌百虫 | 90%晶体 | 100 克 | 2 | 7 |
| 3 | 辛硫磷 | 50%EC | 50~100 毫升 | 5(喷雾) 17(浇根) | 3(喷雾) 1(浇根) |
| 4 | 喹硫磷 | 25%EC | 60~100 毫升 | 2 | 1 |
| 5 | 乐斯本(毒死蜱) | 48%EC | 50~70 毫升 | 3 | 7 |
| 6 | 乐果 | 40%EC | 50~100 毫升 | 1 | 7 |
| 7 | 甲氰菊酯(灭扫利) | 20%EC | 2 000~3 000 | 3 | 10 |
| 8 | 溴氰菊酯(敌杀死) | 2.5%EC | 20~40 毫升 | 2 | 2 |
| 9 | 氯氰菊酯 | 10%EC | 20~40 毫升 | 3 | 7 |
| 10 | 三氟氯氰菊酯(功夫) | 2.5%EC | 25~50 毫升 | 1 | 7 |
| 11 | 抑太保(定虫隆) | 5%EC | 40~60 毫升 | 1 | 10 |
| 12 | 扑虱灵(优乐得) | 25%WP | 25~50 克 | 2 | |
| 13 | 苏云金杆菌(Bt、苏特灵) | 8 000 μg/mg | 60~100 克 | 3 | |
| 14 | 阿维菌素(杀虫素、灭虫灵) | 1.8%EC | 33~50 毫升 | 1 | 7 |
| 15 | 苦参碱 | 0.36%WG | 500~800 | 2 | 2 |
| 16 | 米满 | 24%SC | 40 毫升 | 2 | 7~10 |
| 17 | 除尽 | 10%SC | 33.5~50 毫升 | 2 | 14 |

（续）

| 序号 | 农药名称 | 剂型 | 每亩常用药量或稀释倍数 | 最多使用次数（次） | 安全间隔期（天） |
|------|----------|------|------------------------|-------------------|-----------------|
| 18 | 吡虫啉（一遍净） | 10%EC | 10～20克 | 2 | 7 |
| 19 | 菜喜 | 2.5%SC | 1 000 | 1 | 1 |
| 20 | 代森锰锌 | 80%WP<br>70%WP | 500～800<br>500～700 | 2<br>3 | 15<br>7 |
| 21 | 代森锌 | 80%WP | 500～700 | 2～3 | 7～10 |
| 22 | 可杀得（氢氧化铜） | 77%WP | 134～200克 | 3 | 3 |
| 23 | 波尔多液 | SC | 1∶1∶200 | 2 | 10～15 |
| 24 | 扑海因（异菌脲） | 50%SC | 1 000～2 000 | 1 | 10 |
| 25 | 百菌清 | 75%WP | 600～800 | 3 | 7 |
| 26 | 大生 | 80%WP | 400～600 | 4～6 | 5～7 |
| 27 | 科博 | 78%WP | 400～500 | | 7～15 |
| 28 | 克露 | 75%WP | 500～800 | 2 | 5 |
| 29 | 多菌灵 | 50%WP | 500～1 000 | 2 | 5 |
| 30 | 粉锈宁（三唑酮） | 25%WP | 35～60克 | 2 | 7 |
| 31 | 甲基托布津 | 70%WP | 1 000～1 200 | 2 | 5 |
| 32 | 速克灵（腐霉利） | 50%WP | 40～50克 | 2 | 1 |
| 33 | 安克 | 50%WP | 30～40克 | 4 | 7～10 |
| 34 | 炭疽福美 | 80%WP | 800 | 2～3 | 6 |
| 35 | 杀毒矾 | 64%WP | 110～130克 | 3 | 3 |
| 36 | 甲霜灵锰锌 | 58%WP | 75～120克 | 2 | 2 |
| 37 | 福星 | 40%EC | 6 000 | 2 | 10 |
| 38 | 安泰生（丙森锌） | 70%WP | 500～700 | 2 | 7 |
| 39 | 农用链霉素 | 1 000万单位SP | 4 000 | 2～3 | 7～10 |
| 40 | 病毒A | 20%WP | 500～700 | 2～3 | 7～10 |
| 41 | 克螨特 | 73%EC | 2 000～3 000 | 1 | 7 |

（续）

| 序号 | 农药名称 | 剂型 | 每亩常用药量或稀释倍数 | 最多使用次数（次） | 安全间隔期（天） |
|---|---|---|---|---|---|
| 42 | 卡死克 | 5%EC | 40～60毫升 | 1 | 10 |
| 43 | 爱多收 | 1.8%WC | 6 000～8 000 | 2 | 7 |
| 44 | 2,4-D | 0.5%WG | 2毫升 | 1 | |
| 45 | 除草通 | 33%EC | 100～150毫升 | 1 | |
| 46 | 敌草胺 | 50%WP | 80～100毫升 | 1 | |
| 47 | 精稳杀得 | 15%EC | 30～60毫升 | 1 | |
| 48 | 丁草胺 | 60%EC | 50～100毫升 | 1 | |
| 49 | 都尔（异丙甲草胺） | 72%EC | 100～150毫升 | 1 | |
| 50 | 乙草胺 | 50%EC | 80～200毫升 | 1 | |
| 51 | 克芜踪 | 20%WG | 200～300毫升 | 1 | |
| 52 | 甲草胺（拉索） | 48%EC | 100～200毫升 | 1 | |
| 53 | 盖草能 | 10.8%EC | 450毫升 | 1 | |

注：WG：水剂；WP：可湿性粉剂；EC：乳油；SC：悬浮剂；SP：可溶性粉剂。

1～6：有机磷杀菌剂；7～10：拟除虫菊酯类杀虫剂；11～12：昆虫生长调节剂类杀虫剂；13～15：生物类杀虫剂；16～20：其他类杀虫剂；21～28：具有保护（预防）作用的杀菌剂；29～33：具有内吸治疗作用的杀菌剂；34～38：复方配制的广谱杀菌剂；39～40：生物性杀菌及杀病毒剂；41～42：杀满新药剂；43～44：植物生长调节剂；45～53：菜田常用除草剂。

## 5.4.5 严格执行国家有关规定，禁止使用高毒高残留农药品种，见附表2。

### 附表2　文成县无公害蔬菜生产禁止使用的农药品种

| 农药名称 | 禁用原因 |
|---|---|
| 砷酸钙、砷酸铅 | 高毒 |
| 甲基胂酸锌（稻脚青）、甲基胂酸铵（田安）、福美甲胂、福美胂 | 高残留 |

（续）

| 农药名称 | 禁用原因 |
|---|---|
| 薯瘟锡（毒菌锡）、三苯基醋酸锡、三苯基氯化锡、氯化锡 | 高残留、慢性毒性 |
| 氯化乙基汞（西力生）、醋酸苯汞（赛力散） | 剧毒、高残留 |
| 敌枯双 | 致畸 |
| 氟化钙、氟化钠、氟化酸钠、氟乙酰胺、氟铝酸钠 | 剧毒、高毒、易药害 |
| DDT、六六六、林丹、艾氏剂、狄氏剂、五氯酚钠、硫丹 | 高残留 |
| 三氯杀螨醇 | 工业品含有一定数量的DDT |
| 二溴乙烷、二溴氯丙烷 | 致癌、致畸 |
| 甲拌磷、乙拌磷、久效磷、对硫磷、甲基对硫磷、甲胺磷、氧化乐果、治螟磷、杀扑磷、水胺硫磷、磷胺、内吸磷、甲基异硫磷 | 高毒、高残留 |
| 克百威（呋喃丹）、丁（丙）硫克百威、滋灭威 | 高毒 |
| 杀虫脒 | 慢性毒性、致癌 |
| 所有拟除虫菊酯类杀虫剂 | 对鱼毒性大、水生蔬菜禁用 |
| 五氯硝基苯、稻瘟醇（五氯苯甲醇）、苯菌灵（苯莱特） | 国外有致癌报导或二次药害 |
| 除草醚、草枯醚 | 慢性毒性 |

5.4.6 蔬菜产地农药的使用要遵照《中华人民共和国农药管理条例》《中华人民共和国农药管理条例实施办法》等有关规定。

# 6 肥料的使用技术

## 6.1 施肥原则

合理施肥，培肥地力，改善土壤环境，改进施肥技术，因土、因菜平衡协调施肥，以地养地。

6.2 大力增施有机肥，提倡使用腐熟有机肥，禁止使用未腐熟的人畜粪肥。提倡施用酵素菌沤制的堆肥和生物肥料，速生叶菜类中后期严禁使用人畜粪肥作追肥。

6.3 采用平衡施肥技术，有效地解决叶菜类蔬菜增施氮肥与控制硝酸盐含量之间的矛盾。

6.4 可使用的无机（矿质）肥料、叶面肥料和微生物肥料等所有肥料，应不对环境和作物（营养、食味、品质、抗性）产生不良后果。

## 6.5 提倡使用的肥料品种

### 6.5.1 农家肥料

包括经无害化处理的腐败熟的粪肥、堆肥、沤肥、厩肥、绿肥、焦泥灰等。

### 6.5.2 商品肥料

包括商品有机肥、微生物肥料（根瘤菌肥料、固氮菌肥料等等）、有机无机复混肥、无机肥料（氮肥、钾肥、磷肥、三元复合肥、微量元素肥料）、叶面肥料等。

## 7 无公害蔬菜质量要求

无公害蔬菜的质量必须符合国家标准 GB 18406.1—2001《农产品安全质量 无公害蔬菜安全要求》。

# 绿色食品高山鲜食毛豆生产技术规程

## 1 范围

本标准规定了绿色食品高山鲜食毛豆的定义、产地环境质量要求、生产技术与病虫害防治措施。

本标准适用于文成县绿色食品高山鲜食毛豆生产。

## 2 规范性引用文件

下列文件对于本文件的应用是必不可少的。凡是注日期的引用文件，仅所注日期的版本适用于本文件。凡是不注日期的引用文件，其最新版本（包括所有的修改单）适用于本文件。

NY/T 391 绿色食品 产地环境技术条件

NY/T 393 绿色食品 农药使用准则

NY/T 394 绿色食品 肥料使用准则

## 3 定义

### 3.1 绿色食品

系指遵循可持续发展原则，按照特定生产方式生产，经专门机构认定，许可使用绿色食品标志的无污染的安全、优质、营养类食品。

### 3.2 绿色食品高山鲜食毛豆

指获得绿色食品标志的高山鲜食毛豆，品种名为大豆，属一年生豆科草本植物。

## 4 产地环境

绿色食品高山鲜食毛豆产地环境质量必须符合 NY/T 391《绿色食品 产地环境技术》条件。

## 5 生产技术

### 5.1 品种选择

宜选用抗病、优质丰产、抗逆性强、适应性广、商品性好、适销对路的六月半、山东大青等。

### 5.2 地块选择

宜选择地势平坦，排灌方便，土质肥沃，土壤耕作层疏松、理化性状良好的旱地或水田。

### 5.3 种子处理

播种前要进行精选晒种，除去病粒、虫粒、残粒，用 0.2%～0.3%多菌灵溶液拌种或用 0.1%高锰酸钾溶液进行消毒。

### 5.4 适时播期

一般于 4 月上旬至 5 月上旬选晴天播种，不浸种，防止烂种。采用直播、穴播，一般每穴 2～3 粒。种植密度应根据土壤肥力、品种特性和耕作栽培条件等确定，一般亩种 1 400～2 000 穴，垄连沟 1.3 米宽，每垄 2 行，行距 55～60 厘米，株距 50～70 厘米。

### 5.5 水份管理

整个生育期浇水采用"浇透水，次数少"的原则。生育前期和开花结荚期切忌土壤过干过湿，否则会影响花芽分化，导致落花落荚；花荚期需水量较大，要保证水分供应。

### 5.6 施肥原则

以有机肥为主，化肥为辅；以基肥为主，追肥为辅；增施磷钾肥，适当追施氮肥。

### 5.6.1 基肥

提倡稳施基肥，一般每亩施腐熟堆肥 1 000～1 500 千克，过磷酸钙 25 千克左右，草木灰 100～150 千克。但不能用未腐熟的有机肥作基肥。

### 5.6.2 追肥

幼苗期用 10%人粪尿浇施 1～2 次，毛豆的苗期根瘤小，固氮能力弱，适当追肥可促进苗早发。开花结果期可用 1‰～2‰过磷酸钙浸出液或 0.5‰磷酸二氢钾根外追肥。

**5.6.3** 在生产中的肥料使用要符合 NY/T 394《绿色食品　肥料使用准则》的要求。

## 5.7 中耕除草

及时除草，一般中耕 2～3 次。注意中耕不宜过深，培土要超过子叶节以上。

## 6 病虫害防治措施

## 6.1 主要病虫害

### 6.1.1 病害

锈病、白粉病、根腐病等。

### 6.1.2 虫害

豆野螟、大豆食心虫、斜纹夜蛾、潜叶蝇、蚜虫、红蜘蛛等。

## 6.2 病虫害发生情况

2～4 月：天气有利于锈病流行，豆野螟初步危害。

5～6 月：易发生豆野螟、蚜虫、红蜘蛛、大豆食心虫、潜叶蝇发生，锈病等真菌性病害较严重。

## 6.3 防治原则

病虫害防治按照"预防为主，综合防治"的植保方针，坚持"以农业防治为基础，物理防治、生物防治和化学防治相协调"的无害化治理原则。结合农事操作，及时检查病虫发生动态，掌握发病中心。以农业防治为基础，根据病虫发生情况，因时、因地制宜，合理运用生物防治、物理机械防治、化学防治等措施，推广使用高效、低毒、低残留农药，在晴天稀释喷雾。一般在上午 10 时前，下午 3 时后喷药较为适宜。

## 6.4 农业防治

### 6.4.1 因地制宜，选择抗病丰产品种。

### 6.4.2 冬季深翻晒田、夏季高温灌水灭蛹等措施，进行杀虫、杀

菌、杀蛹、消毒，杀灭地下害虫和寄生田间的病原体；加强田间管理，清除残株、病叶、病荚和田间杂草；保持田园清洁。

**6.4.3** 与非豆科植物实行三年以上轮作，培育壮苗。

## 6.5 物理防治

悬挂性诱捕器、频振式杀虫灯、黄板等诱杀害虫。

## 6.6 生物防治

### 6.6.1 保护蜘蛛、草蛉、赤眼蜂等天敌

尽量选择对天敌相对安全的农药，避免使用对天敌杀伤力大的广谱性农药。

### 6.6.2 利用多种微生物农药

如苏云金杆菌（Bt）防治豆螟等重要害虫；木霉菌防治枯萎病；苦参碱防治蚜虫。

## 6.7 化学防治

**6.7.1** 农药使用应严格按照 NY/T 393《绿色食品 农药使用准则》的安全用药标准。优先选择生物农药，严格选择使用高效、低毒、低残留的化学农药。使用时要注意对症下药，不要盲目加大用药量，不滥用药，交替用药，严格遵守农药安全间隔期。针对不同对象，结合当地情况，适当开展化学防治。

**6.7.2** 主要病虫害及防治药剂，详见附表3。每种化学合成药剂在鲜食毛豆上一个生长期内只能使用一次。

**6.7.3** 收获前15天要停止喷药，减少农药残留。

**6.7.4** 严禁使用国家明令禁止的高毒、剧毒、高残留或具有三致毒性（致癌、致畸、致突变）的农药及其混配农药品种，详见附表4。

## 7 适时采收

毛豆成品以青荚为主，应按产品标准（合同）规定，在豆荚由青转黄前及时采收。采收可一次性采收，也可分2～3次采收。采收后应放在阴凉处，以保持新鲜。

### 附表3　绿色食品高山鲜食毛豆主要病虫害防治一览表

| 防治对象 | 农药名称 | 使用方法<br>（药量单位每亩 g·mL<br>或倍数） | 安全<br>间隔期<br>（d） |
|---|---|---|---|
| 锈病 | 40％福星可湿性粉剂<br>25％粉锈宁可湿性粉剂 | 6 000 倍喷雾<br>35～60 g 喷雾 | ≥10<br>≥7 |
| 白粉病 | 15％粉锈宁可湿性粉剂<br>40％杜邦福星乳油<br>50％翠贝干悬浮剂 | 1 000～1 500 倍液喷雾<br>6 000 倍液喷雾<br>3 000～5 000 倍液喷雾 | ≥7<br>≥10<br>≥3 |
| 根腐病 | 50％多菌灵可湿性粉剂<br>70％代森锰锌可湿性粉剂 | 500 倍液灌根<br>500 倍液灌根 | ≥5<br>≥7 |
| 豆野螟<br>大豆食心虫<br>斜纹夜蛾 | 苏云金杆菌（Bt）乳剂<br>24％米满悬浮剂<br>10％除尽胶悬剂<br>52％农地乐乳油 | 200～250 mL 喷雾<br>30～40 mL 喷雾<br>30～40 mL 喷雾<br>50～100 mL 喷雾 | ≥5<br>≥7<br>≥14<br>≥10 |
| 潜叶蝇 | 75％灭蝇胺（潜克）<br>可湿性粉剂<br>52％农地乐乳油 | 6～10 g 喷雾<br>50～100 mL 喷雾 | ≥10 |
| 蚜虫<br>红蜘蛛 | 10％吡虫啉可湿性粉剂<br>0.36％苦参碱水剂 | 2 000～3 000 倍喷雾<br>500～800 倍喷雾 | ≥7<br>≥2 |

### 附表4　绿色食品（蔬菜）上禁用的农药品种

| 种　类 | 农药名称 | 禁用原因 |
|---|---|---|
| 有机氯杀虫剂 | 滴滴涕、六六六、林丹、甲氧、高残<br>毒滴滴涕、硫丹 | 高残毒 |
| 有机氯杀螨剂 | 三氯杀螨醇 | 工业品中含有一<br>定数量的滴滴涕 |

（续）

| 种　类 | 农药名称 | 禁用原因 |
|---|---|---|
| 有机磷杀虫剂 | 甲拌磷、乙拌磷、久效磷、对硫磷、甲基对硫磷、甲胺磷、甲基异柳磷、治螟磷、氧化乐果、磷胺、地虫硫磷、灭克磷（益收宝）、水胺硫磷、氯唑磷、硫线磷、杀扑磷、特丁硫磷、克线丹、苯线磷、甲基硫环磷 | 剧毒高毒 |
| 氨基甲酸酯杀虫剂 | 涕灭威、克百威、灭多威、丁硫克百威、丙硫克百威 | 高毒、剧毒或代谢物高毒 |
| 二甲基甲脒类杀虫螨剂 | 杀虫脒 | 慢性毒性、致癌 |
| 卤代烷类熏蒸杀虫剂 | 二溴乙烷、环氧乙烷、二溴氯丙烷、溴甲烷 | 致癌、致畸、高毒 |
| 阿维菌素 | | 高毒 |
| 克螨特 | | 慢性毒性 |
| 有机砷杀菌剂 | 甲基胂酸锌（稻脚青）、甲基胂酸钙胂（稻宁）、甲基胂酸铵（田安）、福美甲胂、福美胂 | 高残毒 |
| 有机锡杀菌剂 | 三苯基醋酸锡（薯瘟锡）、三苯基氯化锡、三苯基羟基锡（毒菌锡） | 高残留、慢性毒性 |
| 有机汞杀菌剂 | 氯化乙基汞（西力生）、醋酸苯汞（赛力散） | 剧毒、高残毒 |
| 取代苯类杀菌剂 | 五氯硝基苯、稻瘟醇（五氯苯甲醇） | 致癌、高残留 |
| 2,4-D类化合物 | 除草剂或植物生长调节剂 | 杂质致癌 |
| 二苯醚类除草剂 | 除草醚、草枯醚 | 慢性毒性 |
| 植物生长调节剂 | 有机合成的植物生长调节剂 | |
| 除草剂 | 各类除草剂 | |

以上所列是目前禁用或限用的农药品种，该名单将随国家新规定而修订。

# 无公害蔬菜高山秋茄生产技术规程

## 1 范围

本标准规定了高山无公害秋茄生产的种子处理、选地选茬与耕整地、播种、苗期管理、定植、肥水管理、中耕除草与整枝搭架摘叶、病虫害防治及采收等技术要求。

本标准适用于降雨量在 1 800 毫米以上，海拔 600～800 米的高山地区。按本标准实施，每亩产量可达 2 500～3 500 千克，质量达到无公害要求。

## 2 种子及其处理

### 2.1 品种选择

根据生产实践证明，宜选用果长 25 厘米以上，细宽 2.5 厘米以下，色紫红的高产、优质、适应性强的品种。如杭茄 1 号、引茄 1 号、浙茄 1 号、杭丰 1 号。

### 2.2 种子质量

种子纯度不低于 95％，净度不低于 98％，发芽率不低于 85％，含水量低于 8％。

### 2.3 种子处理

#### 2.3.1 试芽

在播种前 30 天进行 1 次发芽试验。

#### 2.3.2 浸种

##### 2.3.2.1 温水浸种

先用清水漂去瘪粒，然后将种子放入 50～60 ℃热水中不断搅拌，直至 30 ℃左右，然后静置 8～10 小时。

##### 2.3.2.2 高温烫种

取两种适当的容器，将种子放入其中一个，倒入大于种子体积

5 倍以上的 100 ℃的开水，迅速用两个容器倒动，使水温降到 50 ℃左右，然后搅拌，待水温降到 30 ℃以下时，静置 6～8 小时。

#### 2.3.2.3 变温催芽

浸种后将种子掏洗干净、晾干，装入湿毛巾或湿麻袋中，再盖上蒸煮过的湿毛巾，放在 25～30 ℃条件下催芽 16 小时，20 ℃条件下催芽 8 小时，交替进行。种子萌芽前，每天翻动 2～3 次。若发现种子发黏，立即用 20～25 ℃的温水清洗，但清洗次数不可过多。一般 4～5 天出齐苗。

### 3 选地选茬与耕整地

#### 3.1 选地、选茬

选择耕层深厚、肥力较高、保水保肥能力强、排灌良好、光照充足，三年内未种植过茄科作物前茬没种蔬菜的地块。

#### 3.2 耕整地

##### 3.2.1 做苗床

苗床做成普通高畦，宽 1.0 米，深 0.3 米，沟宽 0.25 米，床面要求松、细，略成馒头状。

##### 3.2.2 大田整畦

做成普通高畦，大畦宽 1.4 米，沟宽 0.3 米，深 0.3 米。

### 4 播种

#### 4.1 播种时间

为错开采收期、防止集中上市，播种时间为 4 月 20 日至 5 月 10 日。

#### 4.2 播种量

每亩大田播种量 14～16 克，苗床面积 15～20 米$^3$。

#### 4.3 播种操作

##### 4.3.1 浇底水

播种前浇足苗床底水，以水外溢为准。

### 4.3.2　施肥

苗床亩施焦泥灰 2 000～2 500 千克，钙镁磷肥 50 千克，肥土耙混均匀并随水加入 20％的腐熟人粪尿。

### 4.3.3　播种

把种子和苗床分成若干相同的等份均匀撒播或加入种子量 10 倍左右的磷肥拌匀撒播。

### 4.3.4　覆盖

播后盖上一层的 0.5 厘米厚的过筛泥灰以盖住种子，不露籽为宜，再覆盖一层稻草或遮阳网，以利保温保湿。

## 5　苗期管理

### 5.1　揭网（稻草）

当有 80％的种子顶破土层时揭开遮阳网或稻草。

### 5.2　间苗、分苗

2 片真叶时，将弱苗、病苗、小苗去掉，然后分苗一次，苗距 7～10 厘米。

## 6　定植

### 6.1　定植时间

苗龄 30～35 天，茄苗有 6～7 片真叶时选用壮苗定植。

### 6.2　定植密度

秋淡茄子生长期长、生长势旺盛、生产上以稀植为主，亩栽 1 400～1 800 株。

## 7　肥水管理

### 7.1　水份管理

### 7.1.1　苗期水分管理

要求床面呈干湿交替状态，土壤水分保持在 60％左右。要防止因梅雨季节的影响造成幼苗徒长。

### 7.1.2　缓苗水

定植时及定植后 4～5 天各浇一次缓苗水。

### 7.1.3　中、后期水分管理

从门茄瞪眼开始要加强水分的管理，生产上一般结合追肥浇水。采收盛期需水量最大。

## 7.2　肥的管理

### 7.2.1　基肥

整地做畦后，亩沟施腐熟栏肥 3 000 千克，三元复合肥 50 千克，过磷酸钙 75 千克，生石灰 25 千克。

### 7.2.2　追肥

#### 7.2.2.1　门茄肥

门茄瞪眼期结合浇水，及时施入 30％的人粪尿 500～1 000 千克。

#### 7.2.2.2　对茄肥

对茄长到 8～10 厘米时，重施追肥 1～2 次，亩浇 30％腐熟人粪尿 3 500～5 000 千克，并加入氯化钾 5 千克，或掺水亩施尿素 15～20 千克加氯化钾 5～10 千克。

#### 7.2.2.3　四门斗茄肥

四门斗茄坐果期再较重追肥一次。亩施 30％的施腐熟人粪尿 3 000 千克。

#### 7.2.2.4　后期肥

结果后期进行 1～2 次的根外追肥，以防早衰和增加后期产量。在晴天傍晚喷施 0.2％尿素加 0.3％磷酸二氢钾溶液或 0.18％爱多收 6 000～8 000 倍喷雾。

## 8　中耕除草与整枝搭架摘叶

## 8.1　中耕除草

在门茄瞪眼期前深中耕一次，结合除草；当对茄全部开花时，再浅耕一次，结合清沟培土，将畦面修成小高畦。

## 8.2 整枝

在第二次中耕后及时整枝。采用二杈整枝法，即只留主枝和第一花下第一叶腋的一个较强大的侧枝。

## 8.3 搭架

在整枝后采用单杆 45°朝西北方向搭架，架杆与植株主干接触处用细绳捆紧。

## 8.4 摘叶

封行后，对老、病、残叶要及时摘去。雨天多，植株生长旺盛时可多摘；高温、干旱、茎叶生长不旺时应少摘。摘除的老、病、残叶需及时清理出园并进行深埋或烧毁。

# 9 病虫害防治

## 9.1 农业防治

### 9.1.1 选用抗病虫品种

例如引茄 1 号，较抗黄萎病、青枯病。

### 9.1.2 深翻晒田

定植前进行深翻晒田，可使翻到表面的病菌和蛴螬等土栖害虫晒死。

## 9.2 物理防治

### 9.2.1 灯光诱杀

利用害虫的趋光性，每 2～3.3 公顷安装一盏频振式杀虫灯，夜间开灯诱杀。

### 9.2.2 覆盖遮阳网抑制病害

高温季节选用遮光率 25％～75％的遮阳网覆盖，可使菜田气温降低 4～6 ℃，明显抑制青枯病和绵疫病的发生。

## 9.3 药物防治

### 9.3.1 施药选用高效、低毒、低残留农药，对症用药，合理用药。

## 附表5 病虫害农药防治表

| 病虫害种类 | 可选用农药 |
|---|---|
| 猝倒病 | 杀毒矾、甲霜灵锰锌、甲基硫菌灵、敌克松 |
| 立枯病 | 百菌清、多菌灵、甲基硫菌灵、敌克松 |
| 绵疫病 | 克露、百菌清、可杀得（氢氧化铜）、甲霜灵锰锌 |
| 灰霉病 | 速克灵、扑海因 |
| 褐纹病 | 百菌清（达科宁）、多菌灵、代森锰锌、 |
| 青枯病 | 敌克松、农用链霉素 |
| 黄萎病 | 敌克松、甲基硫菌灵、多菌灵 |
| 红蜘蛛 | 扫螨净、克螨特 |
| 蚜虫 | 一遍净（蚍虫啉）、扑虱灵 |
| 蓟马 | 灭虫灵 |
| 茶黄螨 | 同红蜘蛛 |
| 棉铃虫（钻心虫） | 抑太保、除尽、除虫净、菜喜、苏云金杆菌 |
| 小地老虎（地蚕） | 乐斯本（毒死蜱）、辛硫磷（地虫杀星） |

## 附表6 农药安全使用标准

| 农药名称 | 剂型 | 每亩常用药量<br>或稀释倍数 | 最多使用<br>次数（次） | 安全间隔期<br>（天） | 施用方法 |
|---|---|---|---|---|---|
| 杀毒矾 | 64%WP | 110～130 | 3 | 3 | 喷雾 |
| 甲霜灵锰锌 | 58%WP | 75～120 | 2 | 2 | 喷雾 |
| 甲基托布津 | 70%WP | 1 000～1 200 | 2 | 5 | 喷雾 |
| 多菌灵 | 50%WP | 500～1 000 | 2 | 5 | 喷雾 |
| 克露 | 75%WP | 500～800 | 2 | 5 | 喷雾 |
| 百菌清 | 75%WP | 600～800 | 3 | 7 | 喷雾 |
| 可杀得 | 77%WP | 134～200 | 3 | 3 | 喷雾 |
| 速克灵 | 50%WP | 40～50 | 2 | 1 | 喷雾 |
| 扑海因 | 50%SC | 1 000～2 000 | 1 | 10 | 喷雾 |
| 代森锰锌 | 70%WP | 500～700 | 3 | 7 | 喷雾 |
| 敌克松 | 50%WP | 500～800 | 2 | | 灌根<br>（0.25千克/株） |
| 农用链霉素 | 72%WP | 10 000～15 000 | 3 | | 灌根<br>（0.25千克/株） |

（续）

| 农药名称 | 剂型 | 每亩常用药量或稀释倍数 | 最多使用次数（次） | 安全间隔期（天） | 施用方法 |
|---|---|---|---|---|---|
| 扫螨净 | 15%WP | 1 000～1 500 | 1 | 10 | 喷雾 |
| 克螨特 | 73%EC | 2 000～3 000 | 1 | 7 | 喷雾 |
| 蚍虫啉 | 10%EC | 10～20 | 2 | 7 | 喷雾 |
| 扑虱灵 | 25%WP | 25～50 | 2 | | 喷雾 |
| 万灵 | 90%WP | 15～20 | 2 | 7 | 喷雾 |
| 灭虫灵 | 1.8%EC | 33～50 | 1 | 7 | 喷雾 |
| 抑太保 | 5%EC | 40～60 | 1 | 10 | 喷雾 |
| 除尽 | 10%SC | 33.5～500 | 2 | 14 | 喷雾 |
| 除虫净 | 22%EC | 1 000～1 500 | 1 | 7 | 喷雾 |
| 毒死蜱 | 40.7%EC | 50～70 | 2 | 7 | 喷雾 |
| 辛硫磷 | 50%EC | 1 000～1 500 | 17 | 1 | 灌根（50～100 mL/株） |
| 苏云金杆菌 | 8 000 μg/mg | 60～100 | 3 | | 喷雾 |
| 菜喜 | 2.5%SC | 1 000 | 1 | 1 | 喷雾 |

注：WP 为可湿性粉剂；EC 为乳油；WG 为水剂；SC 为悬浮剂。

### 9.3.2  施药方法

在晴天露水干后均匀喷雾或灌根。一般掌握在上午 10 时前，下午 3 时后施药。

## 10  采收

### 10.1  采收时间

要掌握"宁早勿迟，宁嫩勿老"原则，一般开花后 25～30 天，当茄子白色环带（茄眼）不明显，果实呈现本品种应有色泽，且富光泽，手握柔软有黏着感时表示已到采收适期。一般在早晨或傍晚采摘。

### 10.2  及时上市

将鲜嫩、光亮、细长均匀，无弯钩、无病斑、虫孔、花斑，不皱皮、开裂，无断头、腐烂的茄子分级、包装及时（24 小时内）上市销售。

# 绿色食品高山秋茄生产技术规程

## 1 范围

本标准规定了绿色食品高山秋茄的定义、产地环境质量要求、生产技术与病虫害防治措施。

本标准适用于文成县绿色食品高山秋茄生产。

## 2 规范性引用文件

下列文件对于本文件的应用是必不可少的。凡是注日期的引用文件，仅所注日期的版本适用于本文件。凡是不注日期的引用文件，其最新版本（包括所有的修改单）适用于本文件。

NY/T 391 绿色食品 产地环境技术条件

NY/T 393 绿色食品 农药使用准则

NY/T 394 绿色食品 肥料使用准则

## 3 定义

### 3.1 绿色食品

系指遵循可持续发展原则，按照特定生产方式生产，经专门机构认定，许可使用绿色食品标志的无污染的安全、优质、营养类食品。

### 3.2 绿色食品高山秋茄

指获得绿色食品标志的高山秋茄，品种名为茄子，属茄科一年生草本植物。

## 4 产地环境的选择

绿色食品高山秋茄产地环境质量必须符合 NY/T 391《绿色食品 产地环境技术》条件。

## 5 生产技术措施

### 5.1 品种选择

宜选用抗病、优质丰产、抗逆性强、适应性广、商品性好、适销对路的杭茄1号、引茄1号、浙茄1号、杭丰1号等。

### 5.2 地块选择

宜选择地势平坦，排灌方便，土层深厚，土壤肥力较高，近三年内未种过茄科作物（番茄、茄子、辣椒、马铃薯）或已进行水旱轮作的地块，pH适在 $6.8 \sim 7.3$ 的旱地或水田。

### 5.3 培育壮苗

#### 5.3.1 营养土配制

用近3年以上未种过茄科作物的肥沃无病园土，每1 000千克床土施用50千克钙镁磷肥，浇入20％充分腐熟的人粪尿，均匀铺于播种床上，撒上过筛的焦泥灰。

#### 5.3.2 种子处理

##### 5.3.2.1 晒种

种子播前在太阳下晒 $1 \sim 2$ 天，可提高种子的发芽势，使种子出芽一致。

##### 5.3.2.2 温汤浸种

用清水将种子浸 $1 \sim 2$ 小时漂去瘪粒，然后将其放入 $55 ℃$ 热水中，不断搅拌，保持恒温15分钟，然后让水温降到 $30 ℃$ 后浸种1小时。

##### 5.3.2.3 药剂处理

可选用50％多菌灵1 000倍浸种10分钟，防猝倒病。

#### 5.3.3 催芽

将处理后的种子洗净，捞出甩干，用湿纱布包好在 $28 \sim 30 ℃$ 的环境下催芽，当种子有 $60 ％ \sim 70 ％$ "露白"时即可播种。也可将种子用纱布包好，放入塑料袋中，包在人体的腰部催芽。

#### 5.3.4 播期

一般于3月中旬至4月初播种。

### 5.3.5　播种量

每亩大田用种量约 25 克，每 1 米$^2$ 苗床播种量为 0.8～1 克。

### 5.3.6　播种

播种前一天，育苗床面撒上营养土，播种时用砂子均匀拌种，播后覆盖 0.5～1 厘米的营养土或药土，平整床面，浇足浇透水，床面上覆盖地膜或稻草，搭好塑料小拱棚保温湿以利出苗。

### 5.3.7　出苗

播后 7～8 天，当有 80% 的种子顶破土层时，揭去覆盖物，适当浇水，土壤水分保持在 80% 左右。幼苗生长初期进行间苗 1～2 次，删除过密过弱的小苗。

### 5.3.8　定苗

当茄苗长到 3～4 片真叶时定苗，拔除弱苗、病苗和杂草，苗距 10 厘米×10 厘米，喷一次药防病治虫，并酌情浇水施肥。

## 5.4　苗期管理

### 5.4.1　掀膜

当种子顶出土层时，掀掉薄膜或稻草。

### 5.4.2　肥水

苗期肥水管理要以"控水控肥"为原则。分苗水要浇足，分苗后适当控制水分，不旱不浇水，但注意在晴天上午浇水，浇后要通风。

### 5.4.3　炼苗

定植前 5～7 天开始炼苗，白天 18～20 ℃，夜间 10～12 ℃，适当控制浇水。

### 5.4.4　病虫害防治

用 50% 杀毒矾防治猝倒病、立枯病。

### 5.4.5　壮苗标准

苗矮壮叶挺，叶色绿紫色，无病虫害，茎短粗在 0.6～0.8 厘米，须根多而白，第一朵花现蕾，无病虫害。

## 5.5　整地做畦

### 5.5.1　冬耕晒土

冬闲田块冬耕翻土，在自然条件下，冷冻暴晒，促使土壤熟化，改善土壤通透性，活化有益微生物，增加土壤肥力。待开春后结合烧灰积肥再耕耙 1 次。

### 5.5.2　抢晴做畦

抢晴做畦，一般畦宽 100～120 厘米，沟宽 40 厘米，沟深 25 厘米，每亩施充分腐熟栏肥 3 000 千克，磷肥 40～50 千克或复合肥 50 千克，硼锌微肥 0.5 千克作基肥，酸性重的田块施生石灰 100 千克。做畦要达到壁沟、腰沟、畦沟三沟互通，做到能排能灌。

## 5.6　合理密植

### 5.6.1　适时定植

一般最低地温（10 厘米）稳定 13 ℃以上时才可定植，一般于 4 月下旬至 5 月中旬选择晴天无风天气带土带药定植。

### 5.6.2　合理密植

一般每亩栽植 1 200～1 600 株，每畦栽二行。但具体密度还因品种及土壤肥力而异。提倡采用地膜覆盖。

## 5.7　田间管理

### 5.7.1　中耕除草

在门茄座果前结合除草深中耕一次，对茄全部开花时结合清沟培土再浅耕一次；然后畦面铺上一层保湿控草。

### 5.7.2　植株调整

#### 5.7.2.1　整枝

采用二杈整枝，即只留主枝和第一档花下第一叶腋的侧枝，其余所有的侧枝均要适时摘除。

#### 5.7.2.2　搭架

在整枝后采用小竹竿斜插搭架，采用小竹竿斜插搭架，架杆与植株主根接触处用细绳捆绑，防倒。

### 5.7.2.3 摘叶

封行后，及时摘去下部老叶、黄叶、病叶和植株中过密的内膛叶，植株生长旺盛期可多摘，当植株有徒长时还可通过摘叶来控制徒长；高温干旱，茎叶生长缓慢时应少摘。摘除的病、老、黄叶需远离田块深埋或烧毁，保持田园清洁。

### 5.7.2.4 摘花

每档花序只留一朵花，其余全部摘掉。

### 5.7.2.5 摘果

及时摘除病果、畸形果、开裂果。

### 5.7.3 肥水管理

### 5.7.3.1 水分管理

定植后浇定根水一次，缓苗期浇水一次，结果盛期要保证水分供应均匀，土壤保持湿润。高温干旱影响结果，要注意灌水，以延长生育期；雨季应注意排涝。

### 5.7.3.2 肥料管理

整个生长期追肥4～5次，追肥以符合绿色蔬菜用肥标准的人粪尿为主，辅以化肥，生育后期不施用人粪尿。一般在门茄期、对茄期、四门斗茄座果期、结果后期酌情追肥。

### 5.7.3.2.1 门茄肥

门茄坐果后结合浇水，每亩施30％人粪尿500～1 000千克。

### 5.7.3.2.2 对茄期

对茄长到8～10厘米时，每亩施30％人粪尿3 500千克，硫酸钾5千克，或尿素10千克加硫酸钾5千克，浇足水。

### 5.7.3.2.3 四门斗茄肥

每亩施30％人粪尿3 500千克。

### 5.7.3.2.4 结果后期

根外追肥1～2次，用0.2％尿素加0.3％磷酸二氢钾喷施。

### 5.7.3.2.5 在生产中的肥料使用要符合NY/T 394《绿色食品肥料使用准则》的要求。

## 6 病虫害防治措施

### 6.1 防治原则

按照"预防为主，综合防治"的植保方针，坚持以"农业防治、物理防治、生物防治为主，化学防治为辅"的无害化治理原则。结合农事操作，及时检查病虫发生动态，掌握发病中心。以农业防治为基础，根据病虫发生情况，因时、因地制宜，合理运用生物防治、物理机械防治、化学防治等措施，推广使用高效、低毒、低残留农药，在晴天稀释喷雾。一般在上午 10 时前，下午 3 时后喷药较为适宜。

### 6.2 农业防治

选用抗（耐）病的优良品种，合理布局，合理轮作。采用翻耕晒田，深沟高畦种植。加强肥水管理，及时排灌，配方施肥，增施腐熟有机肥和磷钾肥，改善土壤条件，提高作物抗病能力。保持通风良好，及时清洁田园。培育无病虫害的壮苗。

#### 6.2.1 清洁田园

生产过程中要保持田园清洁，及时摘除病枝、残叶，带出田外深埋或烧毁，减少传播源。及时铲除田园、田埂、田后墙杂草，并集中处理。

### 6.3 物理防治

悬挂性诱捕器、黄板、频振式杀虫灯诱杀成虫，覆盖防虫网纱阻隔害虫。

### 6.4 生物防治

#### 6.4.1 利用和保护田间天敌，防治病虫害。

#### 6.4.2 利用生物制剂防治

如克菌康、苦参碱等。

### 6.5 化学防治

#### 6.5.1 施用农药应符合 NY/T 393《绿色食品　农药使用准则》

的安全用药标准。优先选择生物农药，严格选择使用高效、低毒、低残留的化学农药。使用时要注意对症下药，不要盲目加大用药量，不滥用药，交替用药，严格遵守农药安全间隔期。针对不同对象，结合当地情况，适当开展化学防治。

6.5.2 主要病虫害及防治药剂，详见附表7。每种化学合成药剂在高山秋茄上一个生长期内只能使用一次。

6.5.3 严禁使用国家明令禁止的高毒、剧毒、高残留或具有三致毒性（致癌、致畸、致突变）的农药及其混配农药品种，详见附表8。

## 7 适时采收

一般开花后18～25天，当茄子白色环带（茄眼）不明显，果实呈现紫红且富光泽，手握柔软有黏着感时即可采收。一般在上午露水干后或傍晚采摘较好。采后的果实要放在阴凉处，摊开散热，防止太阳晒。要及时整理运往市场销售，不能惜价待售。

**附表7 绿色食品高山秋茄主要病虫害防治一览表**

| 防治对象 | 农药名称 | 使用方法<br>（药量单位：倍数） | 安全间隔期<br>（天） |
|---|---|---|---|
| 灰霉病 | 50%速克灵可湿性粉剂<br>50%乙烯菌核可湿性粉剂<br>40%施佳乐悬浮剂 | 1 500～2 000倍液喷雾<br>1 000倍液喷雾<br>1 000倍液喷雾 | ≥1<br>≥14<br>≥3 |
| 绵疫病 | 75%百菌清可湿性粉剂<br>72.2%普力克水剂<br>64%杀毒矾可湿性粉剂 | 600倍液喷雾<br>700～800倍液喷雾<br>500倍液喷雾 | ≥7<br>≥5<br>≥33 |
| 青枯病 | 77%可杀得可湿性粉剂<br>3%克菌康可湿性粉剂<br>72%农用链霉素 | 500倍液灌根<br>1 000倍液喷雾或灌根<br>4 000倍液灌根 | ≥3<br>≥7<br>≥3 |
| 枯萎病<br>黄萎病 | 50%多菌灵可湿性粉剂<br>50%敌克松可湿性粉剂 | 800倍液灌根<br>500倍液灌根 | ≥5<br>≥7 |
| 褐纹病 | 75%百菌清可湿性粉剂<br>64%杀毒矾可湿性粉剂 | 600倍液喷雾<br>500倍液喷雾 | ≥7<br>≥3 |

（续）

| 防治对象 | 农药名称 | 使用方法<br>（药量单位：倍数） | 安全间隔期<br>（天） |
|---|---|---|---|
| 茶黄螨<br>红蜘蛛<br>蓟马 | 10%吡虫啉可湿性粉剂<br>0.36%苦参碱水剂 | 2 000～3 000 倍液喷雾<br>500～800 倍液喷雾 | ≥7<br>≥2 |
| 斜纹夜蛾 | 24%米满悬浮剂<br>10%除尽胶悬剂 | 1 500 倍液喷雾<br>1 500 倍液喷雾 | ≥7～10<br>≥14 |

## 附表8　绿色食品（蔬菜）上禁用的农药品种

| 种类 | 农药名称 | 禁用原因 |
|---|---|---|
| 有机氯杀虫剂 | 滴滴涕、六六六、林丹、甲氧、高残毒滴滴涕、硫丹 | 高残毒 |
| 有机氯杀螨剂 | 三氯杀螨醇 | 工业品中含有一定数量的滴滴涕 |
| 有机磷杀虫剂 | 甲拌磷、乙拌磷、久效磷、对硫磷、甲基对硫磷、甲胺磷、甲基异柳磷、治螟磷、氧化乐果、磷胺、地虫硫磷、灭克磷（益收宝）、水胺硫磷、氯唑磷、硫线磷、杀扑磷、特丁硫磷、克线丹、苯线磷、甲基硫环磷 | 剧毒高毒 |
| 氨基甲酸酯杀虫剂 | 涕灭威、克百威、灭多威、丁硫克百威、丙硫克百威 | 高毒、剧毒或代谢物高毒 |
| 二甲基甲脒类<br>杀虫螨剂 | 杀虫脒 | 慢性毒性、致癌 |
| 卤代烷类熏蒸杀虫剂 | 二溴乙烷、环氧乙烷、二溴氯丙烷、溴甲烷 | 致癌、致畸、高毒 |
| 阿维菌素 | | 高毒 |
| 克螨特 | | 慢性毒性 |

（续）

| 种类 | 农药名称 | 禁用原因 |
|------|---------|---------|
| 有机砷杀菌剂 | 甲基胂酸锌（稻脚青）、甲基胂酸钙胂（稻宁）、甲基胂酸铵（田安）、福美甲胂、福美胂 | 高残毒 |
| 有机锡杀菌剂 | 三苯基醋酸锡（薯瘟锡）、三苯基氯化锡、三苯基羟基锡（毒菌锡） | 高残留、慢性毒性 |
| 有机汞杀菌剂 | 氯化乙基汞（西力生）、醋酸苯汞（赛力散） | 剧毒、高残毒 |
| 取代苯类杀菌剂 | 五氯硝基苯、稻瘟醇（五氯苯甲醇） | 致癌、高残留 |
| 2,4-D类化合物 | 除草剂或植物生长调节剂 | 杂质致癌 |
| 二苯醚类除草剂 | 除草醚、草枯醚 | 慢性毒性 |
| 植物生长调节剂 | 有机合成的植物生长调节剂 | |
| 除草剂 | 各类除草剂 | |

以上所列是目前禁用或限用的农药品种，该名单将随国家新规定而修订。

# 文成县糯米山药生产技术规程

## 1 范围

本标准规定了糯米山药的定义、产地环境的选择、生产技术措施、病虫害防治、采收、留种、贮藏与运输等内容。

本标准适用于文成范围内糯米山药的生产。

## 2 规范性引用文件

下列文件对于本文件的应用是必不可少的。凡是注日期的引用文件，仅所注日期的版本适用于本文件。凡是不注日期的引用文件，其最新版本（包括所有的修改单）适用于本文件。

GB 4285 农药安全使用标准

NY/T 496 肥料合理使用准则 通则

NY/T 5010 无公害食品 蔬菜产地环境条件

DB330328/T 06 无公害蔬菜生产技术规程

## 3 定义

### 3.1 糯米山药

品种名称为糯米薯，属薯蓣科一年生缠绕藤本植物。

### 3.2 特征

茎四棱形，有棱翅，淡绿色。基部叶互生，中上部叶基本对生；叶长心形，不分裂，较大较厚。老叶深绿，嫩叶淡绿，上部叶腋发生侧枝多，藤蔓向上右旋攀伸，未发现零余子。肉质根圆柱形，直生，长30～60厘米，横径5～10厘米，表皮褐色，薯头（顶）部表皮较粗糙有纵裂纹，并着生较多且较粗壮的不定根。肉白色或米黄色，液黏且多。

## 4 产地环境的选择

### 4.1 产地环境应符合 NY/T 5010 标准要求。

## 5 生产技术措施

### 5.1 地块选择

糯米山药对土壤要求不是很严格，一般宜选择向阳、避风、排水良好、土层深厚、肥沃疏松的砂壤土（俗称驮骨黄泥土）为佳。

### 5.2 整地施肥

在播种或移栽前，选择晴好天气进行深翻耕整地，按连沟 150～170 厘米宽开沟做成高垄，垄高 50 厘米以上，按株距 50～60 厘米挖穴，每亩穴施腐熟的优质有机肥 1 000 千克以上、硫酸钾复合肥 80 千克左右后覆土。

### 5.3 种薯处理

### 5.3.1 种薯选择

选择具有本品种特征、无病虫害、肉质根直的健壮种薯。

### 5.3.2 种块处理

根据种薯大小进行切段，切成重 60～70 克的小块，将伤口蘸上草木灰后催芽。

### 5.3.3 适时催芽

一般低山于 3 月下旬、中高山于 4 月初选择坐背朝南、避风向阳的地块做成平畦，密摆种块，覆盖焦泥灰或细土厚 3～5 厘米，再覆盖稀少稻草。对过于干燥的土壤应洒水，洒到土质湿润为止。采用 0.05 毫米左右的多功能塑料薄膜平铺催芽，四周用泥土压实。对出苗后来不及移栽的，及时揭去薄膜，以免烫苗。

### 5.4 定植时间

当种块发芽（黄豆大小）时即可开始移栽，一般于 4 月中旬至 5 月中旬移栽。移栽时在两穴中间开浅小穴，将种块摆放在穴中，每亩栽 700～800 株，先覆盖厚 3～5 厘米的焦泥灰或泥土，再覆盖稻草、茅草、黑膜等覆盖物。

### 5.5 除草

糯米山药根系分布在浅土层，一般上架后不宜松土除草，有草也只能用手拔除，以免伤根。

### 5.6 搭架

可用竹竿或小杂木等，杆长 2.5～3 米，在两株的中间垂直扦插一支杆，杆与杆中间用长杆连接加固，引蔓上攀。

### 5.7 追肥

生长中期（藤蔓到杆顶）重施，每亩浇施或穴施硫酸钾复合肥 25 千克，15 天后再追施 1 次；后期视长势而定，以钾肥为主。禁止使用含氯肥料。

### 5.8 水分管理

水份管理做到雨止沟中无积水，长期干旱灌跑马水或浇水。

## 6 病虫害防治

### 6.1 炭疽病

糯米山药的主要病害为炭疽病（薯瘟），该病主要危害叶片及藤茎。叶片染病初生暗绿色水渍状小斑点，以后扩大为褐色至黑褐色圆形至椭圆形或不规则的大斑。藤茎染病初生梭状不规则斑，中间灰白色、四周黑色，严重的上、下病斑融合成片，致全株干枯。一般在藤蔓上架后，选用代森锰锌、多菌灵、托布津、百菌清、世高（笨醚甲环唑）等进行叶面喷雾预防；8～9 月为病害高发期，发现病叶时，可选用吡唑醚菌酯、阿米西达（嘧菌酯）等药剂进行叶面喷雾防治，每隔 7～10 天喷 1 次，连续喷 3 次。病情得到有效控制后，一般每隔 10～15 天用预防药剂喷药预防 1 次。如遇多阴雨天气要缩短喷施间隔期，台风后必喷药预防。喷施时从下而上，叶片正反面都要喷到，喷至叶面有水滴（湿润）为度。每次喷药时均可加入 0.2％～0.3％浓度的磷酸二氢钾，防效更好。

## 6.2　细菌性顶枯病

主要症状为在植株的顶部生长点或生长点沿下整段变黑褐腐烂枯死。可选用噻菌铜（龙克菌）或农用链霉素喷雾防治。

## 6.3　立枯病（茎腐病）

主要危害幼苗近泥面的幼茎，茎部病斑呈暗绿色水渍状，病部凹陷腐烂，严重时绕茎 1 周，幼苗或藤蔓萎蔫倒伏死亡。可用百菌清、阿米西达等农药喷洒或浇灌茎蔓基部防治。

## 6.4　斜纹夜蛾

虫害主要有斜纹夜蛾等，可选用甲胺基阿维菌素苯甲酸盐、毒死蜱等药剂防治。

## 6.5　地下害虫

地下害虫主要有：蛴螬、地老虎、蝼蛄等。在 5 月中旬至 6 月上旬，可选用敌杀死、辛硫磷喷洒植株及地面；或用敌百虫加水少量，拌炒过的麦麸 5 千克，于傍晚撒施诱杀。

## 6.6　禁用农药

农药施用严格执行 GB 4285 的规定。严禁选用高毒、剧毒、高残留或有"三致"作用的农药，如甲胺磷、甲基异硫磷、1605、三氯杀螨醇、杀虫脒、克百威（呋喃丹）、五氯硝基苯和砷类杀菌剂等。在收获 1 个月前停止施用杀虫剂，以免农药残留对人身的伤害。

# 7　采收

## 7.1　采收时间

霜降后霜冻前及时采收。

## 7.2　采收方法

用锄头先将肉质根四周的泥土挖出，再用手往上拉出肉质根。

# 8　留种

糯米山药留种薯应在"立冬"前，选晴天采挖，择无病虫害、薯条直的健壮肉质根留种。

## 9 贮藏与运输

### 9.1 贮藏

采用窑洞或大棚方式贮藏。

### 9.2 运输

运输过程中应注意防雨淋、防冻、防损伤。

# 食用百合规范化种植技术规程

## 1 范围

本标准规定了食用百合规范化种植的园地选择、整地、栽种种球、田间管理、病虫害防治、采收、田间废弃物处理、质量安全控制、技术档案管理等内容。

本标准适用于文成县范围食用百合栽培生产。

## 2 规范性引用文件

下列文件对于本文件的应用是必不可少的。凡是注日期的引用文件，仅所注日期的版本适用于本文件。凡是不注日期的引用文件，其最新版本（包括所有的修改单）适用于本文件。

GB 3095 环境空气质量标准

GB 4285 农药安全使用标准

GB 5084 农田灌溉水质标准

GB 8321 农药合理使用准则

GB 15618 土壤环境质量标准

GB 16715 瓜菜作物种子

NY/T 496 肥料合理使用准则 通则

NY/T 2798.3 无公害农产品 生产质量安全控制技术规范 第3部分：蔬菜

NY/T 5010 无公害食品 蔬菜产地环境条件

NY/T 5295 无公害食品 产地环境评价准则

## 3 术语和定义

下列术语和定义适用于本标准。

### 3.1 鳞茎

指外面被许多鳞状叶子包裹的茎。

## 3.2 鳞片

指鳞茎外部的多层鳞状叶子。

## 3.3 鳞芽

指外面包有鳞的芽。

## 3.4 管水

指灌水和排水，即对农田用水进行合理管理。

## 3.5 顶心

指植株顶端的嫩尖。

## 3.6 珠芽

指植株基部的小鳞茎。

# 4 园地选择

## 4.1 气候条件

百合鳞茎在地下能耐－10 ℃的低温，早春气温达到10 ℃以上时芽开始生长，气温在14～15 ℃时一般能见到刚出土的芽。叶片展开后不耐霜冻，如气温低于10 ℃，生长受抑制，受冻持续时间短，气温回升，能很快恢复，对产量影响不大，反之则有影响。百合茎叶生长期最适宜的气温为16～25 ℃，夜间气温为14～15 ℃。当温度高于30 ℃时，会影响百合生长。如果连续高于35 ℃，茎叶枯黄，地下球茎进入休眠期。

## 4.2 土壤与水源条件

土层深厚，土壤疏松肥沃，富含腐殖质，以沙壤土为佳，黏土不适合种植百合。土壤要求酸性，其pH为5.5～6.5。百合不耐盐，土壤中的氟和氯含量要求在50毫克/升以下，土壤EC值不超过1.5 ms/厘米，且水源充裕的地方建园为好。前作以水稻种植为好，不宜连茬种植，主要是百合根系能分泌出有害物质，与土壤中的碱性物质结合，对百合自身有害。土壤环境质量达到GB 15618、NY/T 5010标准要求，灌溉用水达到GB 5084农田灌溉水质标准中二类（旱作）的标准。

### 4.3 大气质量要求

选择生产基地时,应按照 NY/T 5295 要求,先对基地环境质量进行评价,基地以及周边环境发生变化时应及时监测,必要时重新进行评价。生产基地环境空气质量应达到 GB 3095 的二级标准以上。

### 4.4 地形地势

应选择海拔高度在 300~700 米为佳。土层深厚、水源丰富、排灌条件好、光照充足的阳坡梯田或平原田均可。

### 4.5 光照

百合出苗期喜弱光照条件,营养生长期喜光照。光照不足对植株生长和鳞茎膨大均有影响,尤其是现蕾开花期。如光线过弱,花蕾易脱落,但又怕夏季高温强光照,引起茎叶提早枯黄。

## 5 整地

### 5.1 翻耕

百合是地下鳞茎作物,故百合地的翻耕深度要求在 25 厘米以上,翻耕时间一般在前茬作物收获后,选择晴天立即翻耕晒地,尤其是水田更需要抢时间深耕暴晒。在种植之前的 8 月深翻土壤。下种前结合施基肥、土壤处理进行整平、整细,消除杂草和禾苑等。

### 5.2 重施基肥

山坡新土地每亩需要施有机肥 1 000 千克,三元复合肥 100 千克作基肥,深翻,整细整匀。如果是使用水稻田种植百合,则不需要基肥。

### 5.3 土壤处理

每亩撒生石灰 50 千克左右,以防蚂蚁和蚯蚓等为害。也可在播种前用必速灭熏蒸土壤,按每平方米用 10~15 克药,均匀混入土壤深层 10~20 厘米,拌均匀,洒水保湿(土壤相对湿度 40% 左右),立即覆盖地膜 3~4 天,揭膜后锄松土层,过 2 天后即可播种。

### 5.4 作畦

地畦宽以 1.5~2 米为宜,沟宽 33 厘米,深 25~30 厘米,畦长可随地形而定，但过长的畦应加开腰沟，腰沟宽 40～50 厘米，深 30 厘米左右，围沟宽 45～50 厘米，深 33 厘米左右。总之，各沟的宽、深度要以田的类型和位置而灵活掌握，一定要做到排水通畅，雨停水无，大雨天不发生内涝。

## 6 栽种种球

### 6.1 品种要求

选择适宜我县栽培的优质、抗病品种。主要选用品质佳、无苦味、鳞片肥大、洁白细嫩的"卷丹"百合。

### 6.2 种球质量

种球应符合 GB 16715 要求。即纯度不低于 95%、健瓣率不低于 93%、整齐率不低于 90%、完整度不低于 90%、水分低于 65%。

### 6.3 种球选择

种球选择只有一个鳞芽，无病虫伤害、洁白、无霉点、鳞茎无损伤、鳞片紧密抱合而不分裂、根系健壮，个体选择中等大小、净重 25～30 g 为宜。种植之前严格剔除畸形、夹有烂瓣的种球。播种前将种球的鳞茎底盘的根剪去。如果根系良好，也可以保留。

### 6.4 种球消毒处理

播种之前对种球进行消毒处理。一般用恶毒灵 1 700～2 000 倍液、密霉胺 660～750 倍液、5% 阿维菌素 1 500 倍液、辛硫磷 500 倍液、10% 特螨清 500～560 倍液、福美双 500 倍液浸泡 20 分钟，捞出晾干待播种。

### 6.5 播种期

百合的栽种期以秋植为好，一般在每年的 8 月中旬至 11 月上旬。

### 6.6 播前土壤消毒及除草剂的使用

播种前在种植沟槽内撒敌克松和辛硫磷各 3 千克/亩，主要防治百合枯萎病和根腐病。定植后在土表面喷雾乙草胺，用药量为 40～60 毫升/亩，每亩喷液量为 30～50 千克。如果施药后 15 天内降雨量达不到 5～10 毫米，建议人工灌溉，促使种子萌芽出土。

## 6.7　栽种

单个种鳞茎重 20～25 克，株距 12～15 厘米、行距 15～20 厘米；单个种鳞茎重 25～30 克，株距 15～18 厘米、行距 18～22 厘米。亩用种量 350～400 千克。播种的深度为鳞茎直径的 2～3 倍，沙质土再适当加深，粘质土当浅播。一般先按确定的株行距开挖播种沟，然后在播种沟内摆放种球（注意种球应该是芯子朝上，根系朝下），再覆盖土 7～10 厘米厚，并且稍微高出地面，以利排水。种球收获后及时种植，不宜室内贮藏，以免种球失水。栽种后盖草，便于冬季防冻、保墒。第二年春季出苗前半个月除掉盖草，消灭过冬虫害和病源物，可减轻病虫害的发生，同时也可以提高土温，促进早出苗。

## 7　田间管理

### 7.1　除草

#### 7.1.1　化学除草

7.1.1.1　开春杂草尚未萌发或萌发之际，每亩用 33％的除草通 120 毫升，加水 120～240 升对土壤进行喷雾处理。

7.1.1.2　在杂草出齐后，每亩用 20％的克无踪水剂或 41％的农达水剂 150～200 毫升，加水 50 升，对杂草叶面喷雾，此方法只能用在百合出苗前。

#### 7.1.2　人工除草

百合 8～10 叶期，人工浅中耕锄草一次，确保田间无杂草。

### 7.2　追肥

7.2.1　肥料使用应符合 NY/T 496。

7.2.2　一般追四次肥，第一次在 12 月中下旬施冬肥，以有机肥为主，加施适量复合肥；第二次在 4 月上中旬苗高 10 厘米左右，亩施 20 千克复合肥，或 5 千克尿素的提苗肥，在 5 月上中旬百合植株已从茎叶生长向鳞茎膨大转变，但上面叶片未全部展开，应通过摘顶来控制茎叶生长，促进百合鳞茎膨大；第三次施复合肥 30 千克/亩，打顶后不再施用尿素等氮肥；第四次在 6 月上中旬收获珠芽后，追施速效复合肥 10 千克/亩。此外用 0.2％磷酸二氢钾或 0.1％硝酸钾加 0.1％磷酸二氢钾叶面追肥，分别在苗期，打顶期和珠芽收获后三次喷施，增产效果明显。

## 7.3 管水

### 7.3.1 灌水

百合在种植时发生干旱，要及时灌水。生产用水应符合 GB 5084。

### 7.3.2 排水

做到及时清沟排水。排水不良，容易生腐烂病；春末夏初地下部新的仔鳞茎形成后，温度高，湿度大，土壤板结，病害极易发生，因此，应做到沟路畅通，下雨后立即排除积水，做到雨停水干，7～8 月鳞茎增大进入夏季休眠，更要保持土壤干燥疏松，切忌水涝。在雨天及雨后防人员下田踩踏，以免踏实土壤，造成百合渍水引起鳞茎腐烂，拔草也应在晴天土壤干燥时进行。

## 7.4 适时打顶和摘除珠芽

### 7.4.1 打顶

5 月上旬为打顶适合时期，及时摘除植株顶心，一般植株高度 40～50 厘米，叶片 60 片～70 片展开时打顶最适时，这样既能保证有足够的叶片数，又可及时调控植株生长，促进光合产物向鳞茎转送，有利于鳞茎的膨大，打顶一般在晴天中午进行，有利于伤口愈合。

### 7.4.2 摘除珠芽

6 月下旬珠芽成熟，晴天用短棒轻敲植株基部，珠芽自行脱落地上，或人工摘除珠芽。

## 7.5 预防人畜为害

雨后地未干时，不准人下地；否则，脚印遇雨积水，会造成鳞茎腐烂。出苗后防止畜禽入园，碰断茎秆造成鳞茎腐烂。

## 8 病虫害防治

## 8.1 百合主要病虫害

### 8.1.1 百合主要病害有镰刀菌茎腐病、灰霉病、百合疫病、花叶病等。

8.1.2 百合主要虫害有蚜虫、种蝇、地老虎、蛴螬、金针虫等。

## 8.2 防治原则

以防为主、综合防治，优先采用农业防治、物理防治、生物防治，配合科学合理地使用化学防治，达到生产安全、优质无公害百合的目的。农药施用严格执行 GB 4285 和 GB/T 8321（所有部分）的规定。

## 8.3 农业防治

选用抗性强的品种，定期轮换品种；合理轮作，尤其提倡水旱轮作；种子处理，培育壮苗，加强栽培管理，中耕除草等；清洁田园，深翻晒土。

## 8.4 化学防治

主要病虫害化学防治方法见附表 9。

## 9 采收

珠芽收获在 6 月下旬，收获鲜百合上市在 7 月至 11 月，留种可在立秋前后收获。采收时严把种子质量关，使选种工作做到田间和室内相结合，实行商品百合种和种子百合种单收单藏，分级保管。特别是收后不能受日晒，以免影响品质。

## 10 田间废弃物处理

10.1 将病虫杂草、病虫老叶等带出菜园，并洒石灰后深埋或充分堆沤。

10.2 在取水处修建田间回收箱，将塑料袋（瓶）、农药空瓶、地膜、废弃遮阳网等投入田间回收箱，统一收集处理。

## 11 质量安全控制

11.1 产地环境应符合 NY 5010 的规定。

11.2 生产质量安全控制应符合 NY/T 2798.3 的规定。

11.3 栽培过程中禁止使用国家禁用、限用的农药。农药使用应符合附录 A。

**11.4** 采后处理严禁使用国家明令禁止使用的物质和包装材料。

## 12 田间记录

### 12.1 投入品使用记载

使用农药、肥料等时，应对其品名、来源、使用时间、使用方法和用量等进行记载。内容按附表 10 执行。

### 12.2 生产操作记载

对百合生产过程中的各项农事操作，应逐项如实进行记载，内容按附表 11 执行。

**附表 9　食用百合主要病虫害化学防治方法**

| 防治对象 | 药剂名称 | 使用方法 | 用药次数 | 安全间隔期（天） |
|---|---|---|---|---|
| 镰刀菌茎腐病 | 65％代森锌 | 1 000 倍液灌根 | 1 | 10 |
| 灰霉病 | 70％代森锰锌可湿性粉剂 | 400 倍液喷雾 | 1 | 10 |
| 疫病 | 25％甲霜灵可湿性粉剂 | 200 倍液灌根 | 1 | 7 |
| 花叶病 | 不把病株作为繁殖材料，将拔除的病株烧毁 | 定期喷施杀虫剂杀灭蚜虫 | | |
| 地老虎 | 2.5％溴氰菊酯或氰戊菊酯 | 3 000 倍液喷雾 | 1 | 5 |
| 种蝇 | 1.8％阿维菌素 | 3 000 倍液喷雾 | 1 | 7 |
| 蚜虫 | 40％氰戊菊酯 | 6 000 倍液喷雾 | 1 | 5 |
| 蛴螬 | 40％辛硫磷乳油 250 克兑水适量 | 喷在 30 千克细土上，均匀撒于坪中，随即打孔，或打孔后拌在沙中施用 | 1 | 7 |

## 附表 10 投入品生产质量安全跟踪档案

| 丘块名称 | | | 面积（亩） | | | 品种 | | |
|---|---|---|---|---|---|---|---|---|
| 序号 | 使用日期（月、日） | 品名 | 剂型 | 生产厂家 | 用量 | 施用方法 | 效果 | 记载人 |
| 1 | | | | | | | | |
| 2 | | | | | | | | |
| ... | | | | | | | | |

注1：根据投入品使用顺序逐项记载。

注2：用量为每亩用量，化肥计量单位用千克（kg），农药计量单位用毫升（mL）或克（g）

## 附表 11 生产操作记载档案

| 田块名称 | | 面积（亩） | | 品 种 | |
|---|---|---|---|---|---|
| 序号 | 土壤种类、肥力、前茬作物 | 操作日期（月、日） | 操作内容与方法 | 完成情况及效果 | 记载人 |
| 1 | | | | | |
| 2 | | | | | |
| ... | | | | | |

# 附录二　2017年浙江省主要农作物病虫草害防治药剂推荐名单

## 一、水稻病虫草害防治药剂名单

| 病虫草害种类 | 有效成分 | 主要剂型 |
|---|---|---|
| 二化螟 | 氯虫·噻虫嗪 | 40％水分散粒剂 |
| | 阿维·氯苯酰 | 6％悬浮剂 |
| | 乙多·甲氧虫 | 34％悬浮剂 |
| | 阿维·甲虫肼 | 10％悬浮剂 |
| | 二化螟性诱剂 | 0.55％诱芯 |
| | *丁虫腈 | 5％乳油 |
| 白背飞虱 | 吡虫啉 | 70％水分散粒剂 |
| | 噻虫嗪 | 25％水分散粒剂 |
| 褐飞虱 | 呋虫胺 | 20％可溶粒剂，40％水分散粒剂，50％水分散粒剂 |
| | 烯啶虫胺 | 20％水剂 |
| | 吡蚜酮 | 25％、50％可湿性粉剂，50％水分散粒剂 |
| | 烯啶·吡蚜酮 | 60％水分散粒剂、80％水分散粒剂 |
| | 噻虫·吡蚜酮 | 50％可湿性粉剂 |
| | *三氟苯嘧啶 | 10％悬浮剂 |
| 灰飞虱 | 吡蚜酮 | 25％、50％可湿性粉剂，50％水分散粒剂 |
| | 烯啶虫胺 | 20％水剂 |
| | 烯啶·吡蚜酮 | 80％水分散粒剂 |
| | 吡蚜·噻虫胺 | 30％悬浮剂 |

（续）

| 病虫草害种类 | 有效成分 | 主要剂型 |
|---|---|---|
| 稻纵卷叶螟 | 四氯虫酰胺 | 10％悬浮剂 |
| | 茚虫威 | 150 克/升乳油，30％水分散粒剂 |
| | 阿维·抑食肼 | 33％可湿性粉剂 |
| | 氯虫苯甲酰胺 | 200 克/升悬浮剂，35％水分散粒剂 |
| | ＊甲氨基阿维菌素苯甲酸盐 | 5.7％乳油、5.7％微乳剂 |
| | ＊阿维·茚虫威 | 8％水分散粒剂 |
| | ＊甲维·茚虫威 | 25％水分散粒剂 |
| | ＊氰氟虫腙 | 22％悬浮剂 |
| 大螟 | 氯虫苯甲酰胺 | 200 克/升悬浮剂 |
| 稻蓟马 | 丁硫克百威 | 35％种子处理干粉剂 |
| | 噻虫嗪 | 30％种子处理悬浮剂 |
| | 吡虫啉 | 60％悬浮种衣剂 |
| 恶苗病 | 氰烯菌酯 | 25％悬浮剂 |
| | 咪鲜·咯菌腈 | 5％悬浮种衣剂 |
| | 精甲·咯菌腈 | 62.5 克/升悬浮种衣剂 |
| | ＊甲霜·种菌唑 | 4.23％微乳剂 |
| | 咯菌腈 | 25 克/升悬浮种衣剂 |
| 纹枯病 | 噻呋酰胺 | 240 克/升悬浮剂，50％水分散粒剂 |
| | 井冈·蜡芽菌 | 6％＋1 亿 CFU/克水剂，10％悬浮剂 |
| | 苯甲·嘧菌酯 | 325 克/升悬浮剂 |
| | ＊噻呋·己唑醇 | 27.8％悬浮剂 |
| | 肟菌·戊唑醇 | 75％水分散粒剂 |
| | ＊噻呋·嘧苷素 | 18％悬浮剂 |
| | ＊醚菌·氟环唑 | 23％悬浮剂 |
| | 己唑醇 | 5％悬浮剂、10％悬浮剂，50％水分散粒剂 |
| | 井冈霉素 A | 28％可溶粉剂、4％水剂 |
| | 井冈·噻呋酰胺 | 16％悬浮剂 |

（续）

| 病虫草害种类 | 有效成分 | 主要剂型 |
|---|---|---|
| 稻瘟病 | 三环唑 | 20％、75％可湿性粉剂 |
| | 春雷霉素 | 2％水剂，6％可湿性粉剂 |
| | 稻瘟灵 | 40％乳油、40％可湿性粉剂，30％水乳剂 |
| | 春雷·稻瘟灵 | 41％可湿性粉剂 |
| | 春雷·三环唑 | 22％悬浮剂 |
| | 吡唑醚菌酯 | 9％微囊悬浮剂 |
| 稻曲病及穗期病害 | 苯甲·丙环唑 | 30％、300 克/升乳油 |
| | 咪铜·氟环唑 | 40％悬浮剂 |
| | 氟环唑 | 125 克/升、50％悬浮剂 |
| | 井冈·蜡芽菌 | 6％＋1 亿 CFU/克水剂 |
| | 井冈·枯草 | 井冈霉素 A 20％＋枯草芽孢杆菌 200 亿 CFU/克可湿性粉剂 |
| | * 噻呋·己唑醇 | 27.8％悬浮剂 |
| | * 井冈霉素 A | 13％水剂 |
| | * 戊唑·嘧菌酯 | 75％水分散粒剂 |
| 白叶枯病、细菌性条斑病 | 噻菌铜 | 20％悬浮剂 |
| | 噻唑锌 | 20％悬浮剂 |
| | * 噻霉酮 | 5％悬浮剂 |
| | 噻森铜 | 20％悬浮剂 |
| 干尖线虫病 | 咪鲜·杀螟丹 | 16％可湿性粉剂，18％悬浮剂 |
| | 氰烯·杀螟丹 | 20％可湿性粉剂 |
| 稻田除草剂 | 苄嘧·丙草胺 | 40％可湿性粉剂 |
| | 五氟磺草胺 | 25 克/升油悬浮剂 |
| | 氰氟草酯 | 100 克/升、30％乳油、水乳剂，20％可分散油悬浮剂 |
| | 噁唑酰草胺 | 10％乳油、可湿性粉剂 |

（续）

| 病虫草害种类 | 有效成分 | 主要剂型 |
|---|---|---|
| 稻田除草剂 | 丙草胺 | 30％、50％、300 克/升、500 克/升乳油，85％微乳剂 |
| | 二氯喹啉酸 | 50％、60％可湿性粉剂 |
| | 2 甲 4 氯钠 | 56％可溶粉剂、13％水剂 |
| | 苄·乙 | 20％、22％、30％可湿性粉剂，35％细粒剂 |
| | 苄·丁 | 30％、35％可湿性粉剂，25％细粒剂 |
| | 吡嘧磺隆 | 10％可湿性粉剂 |
| | 灭草松 | 480 克/升水剂、40％水剂 |
| | 苄嘧磺隆 | 10％、30％可湿性粉剂 |
| | 五氟·丁草胺 | 39.8％悬乳剂 |
| | 丙噁·丁草胺 | 35％水乳剂 |
| | 2 甲·灭草松 | 460 克/升可溶液剂 |
| | 双草醚 | 20％可湿粉剂、10％悬浮剂 |
| | 苄嘧磺隆·唑草酮 | 38％可湿性粉剂 |
| | 噁唑·氰氟 | 10％乳油 |
| | ＊禾草敌 | 90.9％乳油 |
| | ＊吡嘧·丙草胺 | 35％、55％可湿性粉剂 |
| | ＊嗪吡嘧磺隆 | 33％水分散粒剂 |

# 二、蔬菜、瓜果病虫草害防治药剂名单

| 病虫草害种类 | 有效成分 | 主要剂型 |
|---|---|---|
| 根结线虫病 | 阿维菌素 | 5％微囊悬浮剂，1％、1.5％颗粒剂，5％微乳 |
| | 蜡质芽孢杆菌 | 10 亿 CFU/毫升悬浮剂 |
| | 噻唑膦 | 20％水乳剂，70％乳油，10％、15％颗粒剂 |

（续）

| 病虫草害种类 | 有效成分 | 主要剂型 |
|---|---|---|
| 根结线虫病 | 棉隆 | 98%微粒剂 |
| | 氰氨化钙 | 50%颗粒剂 |
| | 氟吡菌酰胺 | 41.7%悬浮剂 |
| 果蔬类细菌性病害（软腐病、角斑病等） | 噻森铜 | 20%、30%悬浮剂 |
| | 噻菌铜 | 20%悬浮剂 |
| | 噻唑锌 | 20%、30%悬浮剂 |
| | 氢氧化铜 | 46%、53.8%、57.6%水分散粒剂，77%可湿性粉剂 |
| | *噻霉酮 | 3%微乳剂 |
| | 春雷霉素 | 2%水剂，6%可湿性粉剂 |
| | 氯溴异氰脲酸 | 50%可溶粉剂 |
| | 多粘类芽孢杆菌 | 10亿CFU/克可湿性粉剂 |
| 番茄叶霉病 | 氟硅唑 | 10%水乳剂 |
| | 抑霉唑 | 15%烟剂 |
| | 多抗霉素 | 10%可湿性粉剂 |
| | *噁酮·霜脲氰 | 52.5%水分散粒剂 |
| | 氟菌·肟菌酯 | 43%悬浮剂 |
| | 春雷·王铜 | 47%可湿性粉剂 |
| | 嘧菌酯 | 250克/升悬浮剂 |
| 草莓白粉病 | 四氟醚唑 | 4%、12.5%水乳剂 |
| | 醚菌·啶酰菌 | 300克/升悬浮剂 |
| | 氟菌唑 | 30%可湿性粉剂 |
| | *唑醚·氟酰胺 | 42.4%悬浮剂 |
| | 粉唑醇 | 12.5%悬浮剂 |
| | 枯草芽孢杆菌 | 1000亿孢子/克、10亿孢子/克可湿性粉剂 |

（续）

| 病虫草害种类 | 有效成分 | 主要剂型 |
|---|---|---|
| 草莓灰霉病 | 唑醚·啶酰菌 | 38％水分散粒剂 |
| | 枯草芽孢杆菌 | 1000 亿个/克 |
| | *嘧霉胺 | 400 克/升悬浮剂 |
| | *唑醚·氟酰胺 | 42.4％悬浮剂 |
| | 啶酰菌胺 | 50％水分散粒剂 |
| 果蔬类灰霉病、菌核病 | 异菌脲 | 50％可湿性粉剂、500 克/升悬浮剂 |
| | *肟菌酯 | 30％悬浮剂 |
| | *噁酮·霜脲氰 | 52.5％水分散粒剂 |
| | 啶酰菌胺 | 50％水分散粒剂 |
| | 腐霉利 | 50％可湿性粉剂 |
| | 氟菌·肟菌酯 | 43％悬浮剂 |
| | 啶氧菌酯 | 22.5％悬浮剂 |
| | *唑醚·氟酰胺 | 42.4％悬浮剂 |
| | 啶菌噁唑 | 25％乳油 |
| | *坚强芽孢杆菌 | 25 亿芽孢/克可湿性粉剂 |
| 瓜果类蔓枯病 | 啶氧菌酯 | 22.5％悬浮剂 |
| | 嘧菌．百菌清 | 560 克/升悬浮剂 |
| | 嘧菌酯 | 250 克/升悬浮剂 |
| | 双胍三辛烷基苯磺酸盐 | 40％可湿性粉剂 |
| | 氟菌·戊唑醇 | 35％悬浮剂 |
| | 苯甲·嘧菌酯 | 325 克/升悬浮剂 |
| | 氟菌·肟菌酯 | 43％悬浮剂 |
| | *苯甲·氟酰胺 | 12％悬浮剂 |
| | 唑醚·代森联 | 60％水分散粒剂 |

（续）

| 病虫草害种类 | 有效成分 | 主要剂型 |
|---|---|---|
| 果蔬类霜霉病、疫病、晚疫病、早疫病 | 氟菌·霜霉威 | 687.5 克/升悬浮剂 |
| | 烯酰·唑嘧菌胺 | 47%悬浮剂 |
| | * 乙蒜素 | 80%乳油 |
| | * 烯酰·吡唑酯 | 18.7%水分散粒剂 |
| | 烯酰吗啉 | 50%悬浮剂，50%水分散粒剂 |
| | 丙森·缬霉威 | 66.8%可湿性粉剂 |
| | 霜脲·锰锌 | 72%可湿性粉剂 |
| | 噁酮·霜脲氰 | 52.5%水分散粒剂 |
| | 精甲霜·锰锌 | 68%水分散粒剂 |
| | 双炔酰菌胺 | 23.4%悬浮剂 |
| | 霜霉威盐酸盐 | 722 克/升水剂 |
| | * 肟菌酯 | 30%悬浮剂 |
| | * 唑醚·代森联 | 60%水分散粒剂 |
| | * 吡唑醚菌酯 | 30%悬浮剂 |
| | * 吲唑磺菌胺 | 18%悬浮剂 |
| | 氟噻唑吡乙酮 | 10%可分散油悬浮剂 |
| 果蔬类白粉病 | 吡萘·嘧菌酯 | 29%悬浮剂 |
| | 氟菌·戊唑醇 | 35%悬浮剂 |
| | * 唑醚·氟酰胺 | 42.4%悬浮剂 |
| | * 肟菌酯 | 30%悬浮剂 |
| | * 戊唑醇 | 20%乳油 |
| | 乙嘧酚磺酸酯 | 25%微乳剂 |
| | 硝苯菌酯 | 36%乳油 |
| | 矿物油 | 99%乳油 |
| | 氟菌唑 | 30%可湿粉剂 |
| | 四氟醚唑 | 4%水乳剂 |
| | * 苯甲·氟酰胺 | 12%悬浮剂 |
| | 氟唑活化酯 | 5%乳油 |

（续）

| 病虫草害种类 | 有效成分 | 主要剂型 |
|---|---|---|
| 瓜果类炭疽病 | 咪鲜胺 | 250 克/升、25％乳油 |
| | 吡唑醚菌酯 | 250 克/升乳油 |
| | 嘧菌酯 | 250 克/升悬浮剂 |
| | ＊肟菌酯 | 30％悬浮剂 |
| | ＊唑醚·氟酰胺 | 42.4％悬浮剂 |
| | 肟菌·戊唑醇 | 75％水分散粒剂 |
| | 苯醚甲环唑 | 10％、60％水分散粒剂 |
| | 苯甲·嘧菌酯 | 325 克/升悬浮剂、48％悬浮剂 |
| | 氟菌·肟菌酯 | 43％悬浮剂 |
| 茭白胡麻斑病 | 咪鲜胺 | 25％乳油 |
| | 丙环唑 | 25％、250 克/升乳油 |
| 茭白二化螟 | 甲氨基阿维菌素苯甲酸盐 | 2.2％、3.4％、5.7％微乳剂 |
| | 阿维菌素 | 18 克/升、1.8％、3.2％、5％乳油 |
| 茭白长绿飞虱 | 噻嗪酮 | 65％可湿粉剂 |
| 果蔬类温室烟粉虱、蚜虫 | 矿物油 | 99％乳油 |
| | 螺虫乙酯 | 22.4％悬浮剂 |
| | 氟啶虫胺腈 | 22％悬浮剂 |
| | 螺虫·噻虫啉 | 22％悬浮剂 |
| | 呋虫胺 | 20％可溶粒剂 |
| | ＊氟啶虫酰胺 | 10％水分散粒剂 |
| | ＊d-柠檬烯 | 5％可溶性液剂 |
| | 溴氰虫酰胺 | 10％可分散油悬浮剂，19％悬浮剂 |
| 果蔬类美洲斑潜蝇 | 灭蝇胺 | 30、50％可湿性粉剂，70％水分散粒剂 |
| | ＊乙基多杀菌素 | 25％水分散粒剂 |
| | 溴氰虫酰胺 | 10％可分散油悬浮剂，19％悬浮剂 |
| | 阿维菌素 | 2％乳油、3.2％、18 克/升乳油 |

（续）

| 病虫草害种类 | 有效成分 | 主要剂型 |
|---|---|---|
| 果蔬类蓟马 | 呋虫胺 | 20%可溶粒剂 |
| | 多杀霉素 | 25克/升悬浮剂 |
| | 乙基多杀菌素 | 60克/升悬浮剂 |
| | 啶虫脒 | 20%可溶粉剂、可溶液剂 40%、70%水分散粒剂 |
| 果蔬类蜗牛、蛞蝓 | 四聚乙醛 | 6%、10%、15%颗粒剂 |
| | 杀螺胺乙醇胺盐 | 50%可湿性粉剂 |
| 果蔬类地下害虫（蛴螬、小地老虎、蝼蛄、韭蛆） | 辛硫磷 | 3%颗粒剂，40%乳油 |
| | 氯虫·噻虫嗪 | 300克/升悬浮剂 |
| | 联苯菊酯 | 0.2%颗粒剂 |
| 蔬菜鳞翅目害虫（小菜蛾、菜青虫、斜纹夜蛾、甜菜夜蛾） | *甲维·虱螨脲 | 45%水分散粒剂 |
| | *乙基多杀菌素 | 60克/升悬浮剂 |
| | *氯虫苯甲酰胺 | 5%悬浮剂 |
| | 依维菌素 | 0.5%乳油 |
| | 丁醚脲 | 50%可湿性粉剂、悬浮剂 |
| | 虫螨腈 | 10%悬浮剂 |
| | 溴氰虫酰胺 | 10%可分散油悬浮剂 |
| | *氰氟虫腙 | 22%悬浮剂 |
| | *斜纹夜蛾性诱剂 | 1.1%诱芯 |
| | 茚虫威 | 150克/升悬浮剂、水分散粒剂 |
| | 斜纹夜蛾核型多角体病毒 | 10亿PIB/克可湿性粉剂 |
| | 甲氧虫酰肼 | 240克/升悬浮剂 |
| 蔬菜黄曲条跳甲 | 氯虫·噻虫嗪 | 300克/升悬浮剂 |
| | 联苯·噻虫胺 | 1%颗粒剂 |
| | 虫腈·哒螨灵 | 40%悬浮剂 |
| | 啶虫·哒螨灵 | 10%、20%微乳剂，42%可湿性粉剂 |

（续）

| 病虫草害种类 | 有效成分 | 主要剂型 |
|---|---|---|
| 蔬菜黄曲条跳甲 | 杀虫·啶虫脒 | 28％可湿性粉剂 |
| | 溴氰虫酰胺 | 10％可分散油悬浮剂 |
| | 氯氟·啶虫脒 | 22.5％可湿性粉剂 |
| 果蔬类害螨 | 乙螨唑 | 110克/升悬浮剂 |
| | 虫螨腈 | 240克/升悬浮剂 |
| | 丁氟螨酯 | 20％悬浮剂 |
| | 矿物油 | 99％乳油 |
| | 阿维菌素 | 18克/升乳油 |
| | 联苯肼酯 | 43％悬浮剂 |
| | 依维菌素 | 0.5％乳油 |
| 叶菜田除草 | 二甲戊灵 | 33％乳油、330克/升乳油、450克/升微囊悬浮剂 |
| | 精喹禾灵 | 5％乳油、50克/升乳油 |
| | 精吡氟禾草灵 | 15％乳油、150克/升乳油 |
| | 精异丙甲草胺 | 960克/升乳油 |
| 瓜茄果类蔬菜田除草 | 二甲戊灵 | 33％乳油、330克/升乳油 |
| | 敌草胺 | 50％水分散粒剂 |
| | 精吡氟禾草灵 | 15％乳油、150克/升乳油 |

# 三、果树病虫害防治药剂名单

| 病虫草害种类 | 有效成分 | 主要剂型 |
|---|---|---|
| 梨黑星病、梨锈病 | 苯醚甲环唑 | 10％微乳剂、水分散粒剂、可湿性粉剂 |
| | 戊唑醇 | 430克/升悬浮剂 |
| | 氟硅唑 | 400克/升乳油 |
| | 烯唑醇 | 12.5％可湿性粉剂 |

（续）

| 病虫草害种类 | 有效成分 | 主要剂型 |
|---|---|---|
| 梨黑星病、梨锈病 | 氟菌唑 | 30%可湿性粉剂 |
| | 代森锰锌 | 80%可湿性粉剂 |
| | 三唑酮 | 15%可湿性粉剂 |
| | 腈菌唑 | 40%可湿性粉剂 |
| 梨轮纹病 | 乙铝·锰锌 | 61%可湿性粉剂 |
| 葡萄炭疽病 | 苯醚甲环唑 | 10%水分散粒剂 |
| | 咪鲜胺 | 25%乳油，30%微囊悬浮剂 |
| | 腈菌唑 | 40%可湿性粉剂 |
| | 抑霉唑 | 20%水乳剂 |
| | 多抗霉素 | 16%可溶粒剂 |
| | 氟硅唑 | 40%乳油 |
| | 克菌·戊唑醇 | 400克/升悬浮剂 |
| 葡萄黑痘病 | 氟硅唑 | 400克/升乳油 |
| | 啶氧菌酯 | 22.5%悬浮剂 |
| | 嘧菌酯 | 250克/升、25%悬浮剂 |
| | 噻菌灵 | 40%可湿性粉剂 |
| | 代森锰锌 | 80%可湿性粉剂 |
| | 肟菌·戊唑醇 | 75%水分散粒剂 |
| 葡萄霜霉病 | 氰霜唑 | 100克/升悬浮剂 |
| | 烯酰吗啉 | 50%水分散粒剂 |
| | 丙森·缬霉威 | 66.8%可湿性粉剂 |
| | 啶氧菌酯 | 22.5%悬浮剂 |
| | 唑醚·代森联 | 60%水分散粒剂 |
| | 烯肟·霜脲氰 | 25%可湿性粉剂 |
| | 精甲霜·锰锌 | 68%水分散粒剂 |
| | 波尔多液 | 86%水分散粒剂，80%可湿性粉剂 |
| | 烯酰·唑嘧菌 | 47%悬浮剂 |
| | 氟噻唑吡乙酮 | 10%可分散油悬浮剂 |

附录二 2017年浙江省主要农作物病虫草害防治药剂推荐名单

（续）

| 病虫草害种类 | 有效成分 | 主要剂型 |
|---|---|---|
| 葡萄灰霉病 | 嘧霉胺 | 400克/升悬浮剂 |
| | 异菌脲 | 50%可湿性粉剂 |
| | 嘧菌环胺 | 50%水分散粒剂 |
| | 啶酰菌胺 | 50%水分散粒剂 |
| | 双胍·吡唑酯 | 24%可湿性粉剂 |
| 葡萄白腐病 | 苯甲·嘧菌酯 | 32.5%悬浮剂 |
| | 克菌·戊唑醇 | 400克/升悬浮剂 |
| | 氟硅唑 | 10%水乳剂，10%水分散粒剂，40%乳油 |
| | 肟菌·戊唑醇 | 75%水分散粒剂 |
| | 苯醚甲环唑 | 30%悬浮剂 |
| | 嘧菌·代森联 | 75%水分散粒剂 |
| | 硅唑·咪鲜胺 | 25%水乳剂 |
| 柑橘溃疡病 | 噻唑锌 | 20%、30%悬浮剂 |
| | 氢氧化铜 | 77%可湿性粉剂 |
| | 噻菌铜 | 20%悬浮剂 |
| | 碱式硫酸铜 | 27.12%悬浮剂 |
| | 噻森铜 | 20%悬浮剂 |
| | 波尔多液 | 80%可湿性粉剂 |
| | 喹啉铜 | 33.5%悬浮剂 |
| 柑橘疮痂病、黑点病 | 代森锰锌 | 80%可湿性粉剂 |
| | 嘧菌酯 | 250克/升悬浮剂 |
| | 苯醚甲环唑 | 10%、37%水分散粒剂 |
| | 肟菌·戊唑醇 | 75%水分散粒剂 |
| | 唑醚·代森联 | 60%水分散粒剂 |
| 柑橘炭疽病 | 苯醚甲环唑 | 20%水乳剂 |
| | 咪鲜胺 | 450克/升水乳剂，250克/升乳油 |
| | 嘧菌酯 | 250克/升悬浮剂、50%水分散粒剂 |
| | 双胍·咪鲜胺 | 42%可湿性粉剂 |

（续）

| 病虫草害种类 | 有效成分 | 主要剂型 |
|---|---|---|
| 柑橘果实贮<br>藏病害 | 噻菌灵 | 42%、450 克/升、500 克/升悬浮剂 |
| | 抑霉唑 | 22.2%、50%、500 克/升乳油 |
| | 咪鲜胺 | 25%、250 克/升乳油，450 克/升水乳剂 |
| 山核桃干腐病 | 喹啉铜 | 50%可湿性粉剂 |
| 杨梅褐斑病 | 喹啉铜 | 33.5%悬浮剂 |
| 杨梅果蝇 | 乙基多杀菌素 | 60 克/升悬浮剂 |
| | 阿维菌素 | 0.1%浓饵剂 |
| 杨梅介壳虫 | *松脂酸钠 | 20%、45%可溶粉剂，30%水乳剂 |
| | *矿物油 | 94%、95%乳油 |
| | *噻嗪酮 | 75%可湿性粉剂 |
| 梨木虱 | 吡虫啉 | 10%可湿性粉剂 |
| | 阿维菌素 | 1.8%、3.2%、5%乳油 |
| | 高效氯氰菊酯 | 2.5%、4.5%乳油 |
| 梨小食心虫 | 高效氯氟氰菊酯 | 25 克/升乳油 |
| | 溴氰菊酯 | 25 克/升乳油 |
| 柑橘螨类 | 炔螨特 | 73%乳油 |
| | 螺螨酯 | 240 克/升悬浮剂 |
| | 阿维菌素 | 18 克/升乳油 |
| | 乙螨唑 | 110 克/升悬浮剂 |
| | 哒螨灵 | 15%水乳剂、微乳剂 |
| | 矿物油 | 99%乳油 |
| 柑橘蚜虫 | 吡虫啉 | 10%可湿性粉剂 |
| | 啶虫脒 | 3%乳油、20%可溶粉剂 |
| | 氟啶虫胺腈 | 22%悬浮剂 |
| | 烯啶虫胺 | 10%水剂 |
| 柑橘潜叶蛾、<br>小实绳、<br>潜叶甲 | 高效氯氟氰菊酯 | 25 克/升乳油 |
| | 啶虫脒 | 3%乳油 |
| | 除虫脲 | 25%可湿性粉剂 |
| | 氟啶脲 | 50 克/升乳油 |
| | 多杀霉素 | 0.02%饵剂 |
| | 阿维菌素 | 0.1%饵剂 |

（续）

| 病虫草害种类 | 有效成分 | 主要剂型 |
|---|---|---|
| 果树介壳虫 | 噻嗪酮 | 25％、65％可湿性粉剂 |
| | 矿物油 | 99％乳油 |
| | 噻虫嗪 | 25％水分散粒剂 |
| | 松脂酸钠 | 20％、40％可湿性粉剂、30％水乳剂 |
| | 螺虫乙酯 | 22.4％悬浮剂 |

## 四、茶树、杭白菊病虫害防治药剂名单

| 病虫草害种类 | 有效成分 | 主要剂型 |
|---|---|---|
| 茶尺蠖 | 溴氰菊酯 | 25克/升乳油 |
| | 氯氰菊酯 | 10％、100克/升乳油 |
| | 噻虫·高氯氟 | 22％微囊悬浮-悬浮剂 |
| | 茶核·苏云金 | 茶尺蠖核型多角体病毒1万PIB/微升、苏云金杆菌2000IU/微升悬浮剂 |
| | 苦参碱 | 0.6％水剂 |
| | 苦皮藤素 | 1％水乳剂 |
| | 联苯·甲维盐 | 5.3％微乳剂 |
| | *短稳杆菌 | 100亿孢子/毫升悬浮剂 |
| 茶小绿叶蝉 | 茶皂素 | 30％水剂 |
| | 噻虫·高氯氟 | 22％微囊悬浮—悬浮剂 |
| | 茚虫威 | 150克/升乳油 |
| | 印楝素 | 0.5％可溶液剂 |
| | 苦参·藜芦碱 | 0.6％水剂 |
| | 虫螨腈 | 240克/升悬浮剂 |
| | 唑虫酰胺 | 30％悬浮剂 |
| | *丁醚·噻虫啉 | 40％悬浮剂 |
| | *甲维·丁醚脲 | 43.7％悬浮剂 |
| | 甲维·噻虫嗪 | 13％水分散粒剂 |
| 茶橙瘿螨 | 石硫合剂 | 45％结晶粉 |
| | 矿物油 | 99％乳油 |

（续）

| 病虫草害种类 | 有效成分 | 主要剂型 |
|---|---|---|
| 茶毛虫 | 苏云金杆菌 | 2000－8000IU/微升悬浮剂、8000－16000IU/微升悬浮剂 |
| | 茶毛核·苏云金 | 茶毛虫核型多角体病毒1万PIB/微升、苏云金杆菌2000IU/微升悬浮剂 |
| | 联苯·甲维盐 | 5.3％微乳剂 |
| | 印楝素 | 0.3％水剂 |
| | 苦参碱 | 0.5％水剂 |
| 茶饼病 | 多抗霉素 | 1.5％、3％可湿性粉剂 |
| 茶炭疽病 | 代森锌 | 80％可湿性粉剂 |
| | 苯醚甲环唑 | 10％水分散粒剂 |
| | 吡唑醚菌酯 | 250克/升乳油 |
| 杭白菊蚜虫 | 吡虫啉 | 70％水分散粒剂 |
| 杭白菊根腐病、叶枯病 | 井冈霉素A | 8％水剂 |
| 白术小地老虎 | 二嗪磷 | 5％颗粒剂 |
| 白术白绢病 | 井冈·嘧苷素 | 6％水剂 |
| | 井冈霉素 | 10％、20％水溶粉剂 |
| 观赏菊灰霉病 | 咯菌腈 | 50％可湿性粉剂 |
| 铁皮石斛软腐病 | ＊喹啉酮 | 33.5％悬浮剂 |

备注：标＊号为2017年新增药剂。使用时注意品种之间的轮换，以延缓药剂抗性。